"十二五"高等职业教育计算机类专业规划教材

Visual Foxpro 9.0 数据库

程序设计教程

主　编　裴海红

副主编　于瀛军　郎裕

参　编　韩雪姣　周敏　马军

主　审　薛永三

中国铁道出版社
CHINA RAILWAY PUBLISHING HOUSE

内 容 简 介

本书以微软公司 Visual FoxPro 9.0 版本为基础，由浅入深地介绍了基本的数据库开发技术与 Visual FoxPro 9.0 数据库管理系统的操作使用方法。全书共分 11 章，主要内容包括：Visual FoxPro 基础、Visual FoxPro 关系数据库入门、Visual FoxPro 的数据与数据运算、Visual FoxPro 数据库及其操作、Visual FoxPro 程序设计基础、关系数据库标准语言 SQL、查询与视图、表单与常用控件的使用、菜单的设计与应用、报表设计、数据库应用系统开发实例。

本书集编者多年教学实践编写而成，实例丰富、通俗易懂、图文并茂、注重实用性与操作性，适合作为高职高专院校计算机相关专业的教材，也可作为全国计算机等级考试二级 Visual FoxPro 数据库程序设计的备考用书。

图书在版编目（CIP）数据

Visual FoxPro 9.0 数据库程序设计教程/裴海红主编.
—北京：中国铁道出版社，2015.9
"十二五"高等职业教育计算机类专业规划教材
ISBN 978-7-113-20922-3

Ⅰ. ①V… Ⅱ. ①裴… Ⅲ. ①关系数据库系统—程序设计—高等职业教育—教材 Ⅳ. ①TP311.138

中国版本图书馆 CIP 数据核字(2015)第 212032 号

书　　名：Visual Foxpro 9.0 数据库程序设计教程	
作　　者：裴海红　主编	

策　　划：翟玉峰	读者热线：400-668-0820
责任编辑：翟玉峰　冯彩茹	
封面设计：付　巍	
封面制作：白　雪	
责任校对：汤淑梅	
责任印制：李　佳	

出版发行：中国铁道出版社（100054，北京市西城区右安门西街 8 号）
网　　址：http://www.51eds.com
印　　刷：北京市昌平开拓印刷厂
版　　次：2015 年 9 月第 1 版　　　　2015 年 9 月第 1 次印刷
开　　本：787 mm×1 092 mm　　1/16　印张：16.5　字数：402 千
印　　数：1～2 000 册
书　　号：ISBN 978-7-113-20922-3
定　　价：35.00 元

Visual FoxPro 是微软公司推出的数据库开发软件,是一个可视化的数据库应用程序开发环境,因其简单易学、功能强大等优点深受用户青睐。虽然新型的数据库和数据库应用程序开发工具不断推出,但 Visual FoxPro 依然拥有大批的使用者。Visual FoxPro 9.0 是 Visual FoxPro 的最新版本,它不仅继承了以前版本的全部功能,而且进一步强化了网络功能,新增了多种数据库类型和使用工具,使数据库应用程序的开发更加方便快捷。

Visual FoxPro 不仅是一种数据库管理系统,也是一种优秀的数据库编程语言,多年来一直是高职高专计算机应用技术课程之一,也是全国计算机等级考试二级的考试内容。本书根据学生的实际学习需要,从培养学生的应用能力出发,在教学内容安排上力求内容完整、重点突出、结构紧凑、层次分明、深入浅出,对于各个典型例题采用了直观的软件画面和清晰的操作步骤说明,以使得教材具有较强的实用性和针对性,便于学生学习操作。

本书共 11 章,循序渐进地介绍了 Visual FoxPro 9.0 的主要功能及其运用。本书由裴海红任主编,于瀛军、郎裕任副主编,韩雪姣、周敏、马军参加了编写,薛永三任主审。其中第 1、8 章由裴海红编写,第 2、5、11 章由于瀛军编写,第 3 章由韩雪姣、周敏编写,第 6、7、9、10 章由郎裕编写,第 4 章由裴海红、马军编写。全书由裴海红统稿。

在本书编写过程中,得到了中国铁道出版社和编者所在学校黑龙江农业经济职业学院、黑龙江农垦职业学院及黑龙江商业职业学院的大力支持,在此表示衷心的感谢。由于作者水平有限,书中难免存在疏漏和不当之处,恳请广大读者批评指正。

编　者
2015 年 7 月

目 录

第1章

→ Visual FoxPro 基础

Visual FoxPro 9.0 是 Microsoft 公司推出的 Visual FoxPro 的最新版本,是一个可视化的数据库应用程序开发环境,是当今应用最广的微机数据库管理系统之一,也是目前进行数据库应用系统开发较为理想的工具。Visual FoxPro 因简单易学、功能强大等优点深受用户青睐,是计算机类专业 C/S 结构重要的前端开发工具,也是非计算机专业计算机二级考试的考试内容之一。Visual FoxPro 9.0 可以和其他应用程序(如 Microsoft Excel、Microsoft Word、Microsoft Visual Basic 等)进行交互,也可以创建基于 Web 的应用程序。

知识目标:

- 掌握 Visual FoxPro 数据库的基本知识;
- 明确关系型数据库中的基本概念;
- 理解选择、投影及连接等关系运算的含义。

1.1 数据库基础知识

1. 数据的产生和发展

(1)数据与数据处理

数据是对事实、概念或指令的一种特殊表达形式,是能存储在计算机系统的物理介质上并能被计算机识别的物理符号。它包括两类:一类是能参与数字运算的数值型数据;另一类是不能参与数字运算的非数值型数据,如文字、图画、声音、活动图像等。

数据处理是将数据转换成信息的过程,它包括收集、存储、排序、计算、查询等。通过处理信息,可以获得并提取对人们有用的信息。

(2)计算机数据管理

随着计算机技术和应用范围的不断拓展,数据库技术的发展使得数据处理进入了一个崭新的阶段。计算机数据处理的发展经历了以下几个阶段:

① 人工管理阶段。20 世纪 50 年代中期以前,计算机主要用于科学计算,计算处理的数据量比较小,数据管理处于人工管理阶段。数据与程序不能分开,数据不能共享。

② 文件系统阶段。20 世纪 50 年代后期至 60 年代中后期,数据管理进入文件系统阶段。数据与程序分开存储,但互相依赖,数据不能共享。

③ 数据库系统阶段。20 世纪 60 年代后期开始,伴随着计算机系统性价比的提高及软件技术的不断发展,进入数据库管理阶段。数据库技术使数据有了统一的结构,对所有的数据实行统一管理,数据与程序分开存储,数据可以共享。

④ 分布式数据库系统阶段。20 世纪 70 年代后期以后,网络技术的发展为数据库提供了

分布式运行环境。数据与程序可以分开存储，通过网络集中管理数据，共享网络上数据资源。

⑤ 面向对象数据库系统。开始于 20 世纪 80 年代，除具有分布式数据管理系统阶段的特点外，在处理方式上是一个面向对象的系统，即按照人们的习惯表示数据，用严格高效的方法组织、处理数据，把客观事物的表达和处理结合成一个有机整体。

2. 数据库系统

（1）数据库系统基本概念

① 数据库。数据库（DB）是按一定的组织方式存储在计算机上的相互联系的数据的集合。它不仅描述数据本身，还要描述数据之间的联系。具有最小的冗余度、数据独立性、实现数据共享、安全可靠、保密性能好等优点。

② 数据库管理系统。数据库管理系统（DBMS）是对数据库的建立、使用和维护管理的软件。它包括数据定义语言（Data Define Language，DDL）、数据操纵语言（Data Manipulation Language，DML）、数据库运行控制，是数据库系统的核心。

③ 数据库应用系统。数据库应用系统（DBAS）是用数据库系统资源面向某一实际应用而开发的具体应用程序软件系统。例如，以数据库为基础的学生学籍管理系统、员工工资管理系统等。无论是面向内部业务和管理的管理信息系统，还是面向外部、提供信息服务的开放式信息系统，从实现技术角度而言，都是以数据库为基础和核心的计算机应用系统。

④ 数据库管理员。数据库管理员是负责全面管理和实施数据库控制及维护的技术人员。

（2）数据库系统组成

数据库系统（DBS）是进行数据处理全过程的计算机系统，一般是由数据库、数据库管理系统、数据库管理员、硬件系统和相关软件系统组成。

（3）数据库系统的特点

① 数据的独立性。数据的独立性是指数据库和应用程序独立，与具体的程序无关。

② 数据的共享性。数据的共享性是指可以为多个用户或多种语言程序使用。

③ 数据的冗余度小。数据的冗余度小是指重复的数据少，节省资源且易于维护。

④ 数据的结构化。数据的结构化是指数据库文件之间通过相同的字段建立联系，可减少重复的数据，节省存储空间，防止数据的不一致性。

⑤ 数据的安全性和完整性。数据的安全性和完整性是指为确保数据的安全性，允许采取安全措施。如规定密码、口令和存取权限，不得随意检索或修改库中的数据等。

3. 数据模型

表示数据与数据之间联系的数据结构称为数据模型。

（1）层次模型

层次模型是用树状结构来表示数据之间的联系。特点是只有一个数据无父结点，其他结点有且只有一个父结点，如图 1–1 所示。

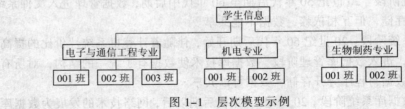

图 1–1　层次模型示例

（2）网状模型

网状模型是用网状结构来表示数据之间的联系。网状模型可以实现多对多的关系，特点是允许一个以上的数据无父结点，允许结点有多于一个的父结点。

（3）关系模型

关系模型是用二维表的形式表示数据之间的关系，每个二维表称为一个"关系"。关系模型的示意图如表1-1所示。

表 1-1　关系模型

学　　号	姓　　名	性　　别	年　　龄	团　　员
201510331	王春芳	女	20	T
201510332	杨强	男	21	T
201510333	张铁军	男	19	T
201510334	巨清风	女	19	T
201510335	高建设	男	19	T

（4）面向对象模型

面向对象模型主要用于存储、检索、处理和管理多媒体信息，它支持多媒体的任何结构和类型的数据，允许用户自行定义任何类型数据。面向对象的数据库管理系统提供了数据的封装、继承等功能。

（5）对象关系模型

随着多媒体数据的大量出现和应用的日益复杂，关系数据库也在不断吸收面向对象数据库的优点，出现了对象关系型数据库。其主要改进包括支持自定义类型（User-Defined Distinct Types，UDT）、方法、继承（目前仅 DB2-6 支持）和直接引用。

数据库系统发展的趋势是面向对象数据库和关系数据库将不断融合。而对象关系数据库由于继承了上述两者的优点，将会成为数据库发展的主流。

1.2　关系数据库

关系型数据库有完备的理论基础、简单的模型及说明性的查询语言和使用方便等诸多优点，Visual FoxPro 便是一种典型的关系数据库管理系统。

1. 基本概念

学习关系数据库，首先要了解一些基本关系术语。

（1）关系

一个关系就是一个二维表，每个关系有一个关系名称。通常将一个没有重复行、重复列的二维表看成一个关系。在 Visual FoxPro 中关系文件的扩展名为.dbf。

（2）元组

在一个二维表中，每一行称为一个元组。一个关系可以包含若干个元组，但不允许有完全相同的元组。在 Visual FoxPro 中，一个元组对应表中的一条记录。

（3）属性

二维表中垂直方向的列称为属性。每个属性有一个属性名称，在同一个关系中不允许有

重复的属性名。在 Visual FoxPro 中，一个属性对应表中的一个字段，属性名对应字段名，属性值对应各条记录的字段值。

（4）域

域是指属性的取值范围。同一属性只能在相同域中取值。例如，年龄的取值范围是日期型。

（5）关键字

关键字的值可以唯一标识一个元组。关系中不允许出现相同的记录，能唯一区分、确定不同元组的属性或属性组合，称为该关系的一个关键字。在 Visual FoxPro 中，主关键字和候选关键字能够唯一标识一条记录。

注意：关键字的属性值不能取空值。

（6）外部关键字

如果关系中的一个属性不是关系的主关键字，但它是另一个关系的主关键字，则该属性称为外部关键字。

2. 关系运算

关系运算就是从关系中查询需要的数据，包括选择、投影与连接等。

（1）选择

从一个关系模式中找出满足给定条件的记录的操作称为选择。选择是从行的角度进行的运算，相当于对关系进行水平分解。例如，要从成绩表中找出某个学生的记录，所进行的查询操作就属于选择运算。

（2）投影

从关系模式中指定若干个属性组成新的关系称为投影。投影运算从关系中选取若干属性形成一个新的关系，其关系模式中的属性个数比原来的关系少，或排列顺序均不同，同时也减少了某些元组。例如，要从学生关系中找出姓名和成绩两个字段，所进行的查询操作就属于投影运算。

（3）连接

连接是关系的横向结合。连接运算将两个关系模式拼接成一个更宽的关系模式，生成的新关系中包含满足连接条件的元组。连接结果相当于 Visual FoxPro 中的内部连接。例如，从学生情况表和学生成绩表中按对应学号相同的条件给出学生的学号、姓名、性别、数学、英语成绩等，所进行的操作就是连接操作。

3. 关系完整性

关系完整性指关系数据库中数据的正确性和可靠性。关系完整性一般包括实体完整性、值域完整性、参照完整性和用户自定义完整性。保证关系完整性是关系数据库管理系统的重要功能。

（1）实体完整性

实体完整性是指数据表中记录的唯一性，即同一个表中不允许出现重复的记录。设置数据表的关键字便于保证数据的实体完整性。

（2）值域完整性

值域完整性是指数据表中记录的每个字段的值应在允许范围内。例如，规定"学号"字段中的数值必须由数字组成。

（3）用户自定义完整性

用户自定义完整性是指用户根据实际需要而定义的数据完整性。例如，规定"性别"字段值为"男"或"女"。

（4）参照完整性

参照完整性是指相关数据表中的数据必须保持一致。例如，"学生信息"表中的"学号"字段和"学生成绩"表中的"学号"字段应保持一致。如果修改了"学生信息"表中的"学号"字段，则相应地同时修改"学生成绩"表中的"学号"字段，否则会导致参照完整性错误。

1.3　数据库设计基础

创建一个设计完善的数据库，能使得用户很好地访问所需的信息。本案例将介绍在 Visual FoxPro 中设计关系型数据库的方法。

1. 数据库设计步骤

（1）设计原则

① 概念单一化原则。通过将不同的信息分散在不同的表中，可以使数据的组织工作和维护工作更简单，同时也易于保证建立的应用程序具有较好的性能。

② 避免在表之间出现重复字段。

③ 表中的字段必须是原始数据和基本数据元素。

④ 用外部关键字保证有关联的表之间的联系。

（2）设计步骤

利用 Visual FoxPro 开发数据应用系统，可以按照以下步骤来设计：

① 需求分析。

② 确定需要的表。

③ 确定所需字段。

④ 确定联系。

⑤ 设计求精。Visual FoxPro 很容易在创建数据库时对原设计方案进行修改，但当在数据库中输入了大量数据或连编表单和报表之后，再修改就很困难，所以应确保设计方案合理翔实。

2. 数据库设计过程

（1）需求分析

① 信息需求：是指用户要从数据库中获得的信息内容。信息需求定义了数据库应用系统应该提供的所有信息，应描述清楚系统中数据的数据类型。

② 处理需求：需要对数据完成什么处理功能及处理方式。处理需求定义了系统的数据处理操作，应注意操作执行的场合、频率、操作对数据的影响等。

③ 安全性和完整性要求：在定义信息需求和处理需求的同时，必须相应地确定安全性和完整性约束。

（2）确定需要的表

仔细研究需要从数据库中取出的信息，遵从概念单一化的原则，即一个表描述一个实体或实体间的一种联系。

（3）确定需要的字段

① 每个字段直接和表的实体相关。

② 以最小的逻辑单位存储信息。

③ 表中的字段必须是原始数据。

④ 确定主关键字字段。

（4）确定联系

① 一对一联系。

② 一对多联系。

③ 多对多联系。

（5）设计求精

① 是否遗忘了字段？是否还有需要的信息未包括进去？

② 是否存在含有大量空白的字段？

③ 是否有包含了同样字段的表？

④ 表中是否带有大量不属于某实体的字段？

⑤ 是否在某个表中输入了同样的信息？

⑥ 是否为每个表选择了合适的主关键字？

⑦ 是否存在字段很多而记录却很少的表？是否很多记录中的字段值为空？经过反复修改即可开发数据库应用系统。

本章小结

数据是客观事物的符号表示，用户首先需要掌握数据库、数据库系统、数据库管理系统之间的关系，了解数据库系统的特点、数据类型；其次需要明确关系型数据库中关系、元组、属性、域、关键字等基本概念；最后需要明确选择、投影及连接等关系运算的含义。

思考与练习

一、填空题

1. 二维表中的每一列称为一个字段，在信息模型中也称为关系的一个_____；二维表中的每一行称为一个记录，在信息模型中也称为关系的一个_____。

2. 数据模型中，_____的数据操作是集合操作。

3. 假设"图书管理"数据表中有书籍编号、出版社、书籍名称、出版日期、购书日期、价格、购入数量、备注等字段，其中可以作为关键字的字段是_____。

4. 数据库系统由_____、_____、_____和人员组成。

5. 一个仓库可以存放多种零件，每一种零件可以存放在不同的仓库中，仓库和零件之间的联系为_____。

6. 对某个关系进行选择、投影或连接运算后，运算的结果仍然是一个_____。

7. 在一个关系中，可以用某一个属性（字段）值唯一地标识一个元组（记录），该属性或字段称为_____。

8. 计算机数据管理包括_____、_____、_____3个阶段。

9. 数据库中的数据是有结构的，这种结构是由数据库管理系统所支持的_____表现出来的。

10. 常用的数据模型有_____、_____和_____3种。

二、选择题

1. 一个关系相当于一张二维表，二维表中的各栏目相当于该关系的（　　）。
   A. 属性　　　　　　B. 元组　　　　　　C. 结构　　　　　　D. 数据项

2. 数据库（DB）、数据库系统（DBS）、数据库管理系统（DBMS）三者之间的关系是（　　）。
   A. DB 包括 DBS 和 DBMS　　　　　　B. DBMS 包括 DB 和 DBS
   C. DBS 包括 DB 和 DBMS　　　　　　D. 以上都不对

3. 在一张订单中可以包含多项商品，同样，每项商品也可以出现在许多订单中，则订单与商品之间的联系应属于（　　）。
   A. 一对多　　　　B. 多对多　　　　C. 一对一　　　　D. 多对一

4. 数据库管理系统常见的数据模型有（　　）。
   A. 网状、关系、语义　　　　　　B. 层次、网状、关系
   C. 环状、层次、关系　　　　　　D. 网状、链状、层次

5. 下列关系运算中，（　　）的功能是从关系中找出满足给定条件的元组以便形成新的关系，但其关系模式不变。
   A. 自然连接　　　B. 连接　　　　C. 投影　　　　D. 选择

6. DBMS 的意思是（　　）。
   A. 关系型数据库系统　　　　　　B. 数据控制程序集
   C. 数据库管理系统　　　　　　　D. 数据库应用软件系统

7. 用二维表数据来表示实体及实体之间关系的数据模型称为（　　）。
   A. 关系模型　　　　　　　　　　B. 实体-联系模型
   C. 层次模型　　　　　　　　　　D. 网状模型

8. 在一个关系中，能唯一确定一个元组的属性或属性组合叫做（　　）。
   A. 域　　　　B. 关键字　　　　C. 排序码　　　　D. 索引码

9. 所谓属性的取值范围是指（　　）。
   A. 实体集　　　B. 属性值　　　　C. 分量　　　　D. 域

10. 实体型之间的联系类别有（　　）。
    A. 一对一联系　　　　　　　　　B. 一对多联系
    C. 多对多联系　　　　　　　　　D. 以上 3 种都是

三、简答题

1. 常见的数据模型有哪几种？

2. 什么是关系型数据库？它有什么特点？

3. 数据库管理系统在数据库系统中起什么作用？

第2章 → Visual FoxPro 关系数据库入门

Visual FoxPro 9.0 是一个强大的快速关系数据库应用程序开发工具，Microsoft 公司于 2004 年推出的版本，主要应用于 Windows 操作环境。它不仅可以创建和管理数据库，而且可以创建各种应用程序。由于它使用面向对象的编程语言，同时提供了可视化的编程方式，因此用户在编写程序时不必输入烦琐的程序代码即可建立一个面向对象的数据库应用程序，大大简化了系统的开发过程，并提高了系统的模块性和紧凑性。本章重点介绍它的发展过程、主要特点、文件类型、应用系统的开发步骤、数据库设计原则与步骤，以及 Visual FoxPro 的安装、启动和退出等入门知识。

知识目标：

- 了解 Visual FoxPro 9.0 的安装过程及系统环境设置；
- 熟悉向导、设计器和生成器 3 类支持可视化设计的辅助工具的使用；
- 掌握项目管理器的基本操作。

2.1 安装 Visual FoxPro 9.0

Visual FoxPro 是优秀的面向对象的数据库管理系统，在学校、机关、企业、医院等单位得到了广泛的应用。为了能够顺利完成后序操作，首先要进行 Visual FoxPro 9.0 的安装。

1. Visual FoxPro 数据库系统的发展历史

在微机关系数据库系统中，Xbase 家族占有重要的地位，从 Dbase 到 FoxBase 到 FoxPro，再到如今的 Visual FoxPro，Xbase 家族在微机关系数据库系统中始终鹤立鸡群，拥有最大的用户群。

Visual FoxPro 已成为当今微型计算机上最流行的数据库软件之一，下面简单回顾一下它们的辉煌历史。

（1）Dbase 系列数据库

20 世纪 70 年代末，美国 Ashton-Tate 公司开发的 Dbase 数据库系统成为使用相当普遍而且备受欢迎的数据库管理系统。用户只需输入简单的命令，即可轻易完成数据库的建立、增添、修改、索引，以及产生报表或标签，或者利用其程序语言进行应用程序的开发。继 Dbase II 之后，1984 年和 1985 年，该公司又相继推出 Dbase III、Dbase III Plus，一时风靡微机市场，成为当时微机数据库的标准和典范。

但是，Dbase 也存在一些缺点：

① 运行速度较慢，特别是数据库记录多时，尤其明显。

② 早期的 Dbase 不带编译器，仅是解释执行，后来虽然增加了编译器，但编译与解释存在差异。

③ 各版本之间不兼容，设计标准也不统一。

由于 Xbase 的这些缺陷，使用用户已经很少，后来人们常用 Xbase 来表示这个系列的数据库管理系统。

（2）FoxBase 系列数据库

美国 Fox Software 公司看到了 Dbase 在性能与速度上存在的问题，也预见到了 PC 平台上数据库管理系统的巨大市场潜力，在 1984 年推出了与 Dbase 完全兼容的 FoxBase，其速度大大快于 Dbase，并且在 FoxBase 中第一次引入了编译器。1986 年，与 DbaseⅢPlus 兼容的 FoxBase+推出，FoxBase 逐渐取代了 Dbase 的市场主导地位。

1987 年之后 Fox Software 相继推出了 FoxBase+2.0，FoxBase+2.10 版本，这两个产品不仅速度上超越其前期产品，而且还扩充了对开发者极其有用的语言，并提供了良好的界面和较为丰富的工具。

（3）FoxPro 系列数据库

人们预测，随着软件技术的快速发展，微机 DBMS 必将发生巨大变化，它将越来越易于使用，为各个层次的用户完成不同的复杂工作，它将提供更完整、更标准的 Xbase 语言和丰富的工具，并且具有面向对象的特点，在其中引入多媒体技术，人们可以通过建立分布式数据库来存取各种数据而无需考虑这些数据的物理位置。为了顺应这一发展趋势，FoxPro 诞生，宗旨在于创建 Xbase 语言的标准，它的每一个版本都向这一方向努力，其功能越来越完善。

1989 年下半年，美国 Fox Software 公司正式推出 FoxPro 1.0，它首次引入了基于 DOS 环境的窗口技术 COM（面向字符的窗口），用户使用的界面再也不是圆点，而是能产生圆点提示下等效命令的菜单系统。它支持鼠标，操作方便，是一个与 Dbase、FoxBase 完全兼容的编译型集成环境式的数据库系统。随后该公司又在 1991 年推出 FoxPro 2.0，FoxPro 2.0 在性能上有了极大的提高，它除了支持 FoxPro 先前版本的全部功能外，还增加了 100 多条全新的命令与函数，从而使得 FoxPro 的程序设计语言逐步成为 Xbase 语言的标准。

（4）Visual FoxPro 系列数据库

1992 年微软公司收购了 Fox Software 公司，把 FoxPro 纳入自己的产品中。它利用自身的技术优势和巨大的资源，在很短的时间里开发了 FoxPro 2.5 及 FoxPro 2.6 等大约 20 个软件产品及其相关产品，包括 DOS、Windows、Mac 和 UNIX 四个平台的软件产品。

1995 年 6 月，微软公司推出了 Visual FoxPro 3.0 版。这是一次巨大的变革，它首次将面向对象的思想应用到 FoxPro 数据库中，提供了可视化的编程界面，接着又很快推出了 Visual FoxPro 5.0 及其中文版。1998 年发布了可视化编程语言集成包 Visual FoxPro 6.0。2000 年，推出了 Visual Studio.net，包含了 Visual FoxPro 7.0，后来为了调整 Visual Studio.net 的市场战略，将 Visual FoxPro 7.0 独立出来，形成了一个仍基于 Visual Studio.net 架构的独立软件产品。

随后，微软公司短时间内接连又推出了 Visual FoxPro 8.0 和 Visual FoxPro 9.0，其中 Visual FoxPro 9.0 是微软公司推出的 Visual FoxPro 系列产品中的最新版本，它是可以运行于 Windows 95/98、Windows NT、Windows 2000/XP 平台的 32 位数据库开发系统。

2. Visual FoxPro 9.0 的新增功能

Visual FoxPro 9.0 是一个非常强大的应用程序开发工具，它为数据库开发人员提供了一种

第 2 章　Visual FoxPro 关系数据库入门

以数据为中心、面向对象的开发语言环境，面向对象程序设计（OOP）提供了重用性和兼容性很高的应用程序。它不仅可以创建桌面数据库应用程序，还能创建 Web 数据库应用程序等其他类型的数据库程序。

Visual FoxPro 9.0 作为微软公司推出 Visual FoxPro 系列产品中的最新版本，出现了不少令人欣喜的新增功能，集成开发系统、数据处理方式以及报表设计器等都有了不同程度的增强，使得开发者可以进一步提高软件开发效率。

（1）强大的集成开发系统

① 字体和颜色做了很大调整。项目管理器中的字体以及属性列表框中的字体都可以进行设置。属性列表框的另一项增强就是可以根据不同类别的属性，对不同的属性元素选择不同的颜色。用户可以为 ActiveX 控件属性、非默认值、自定义属性和实例属性指定不同的显示颜色。

② 类操作的增强。Visual FoxPro 9.0 为类设计器加入了开发者渴望已久的特色，用户可以为自己的类的自定义属性设置默认值。

③ 数据浏览器（Data Explorer）。Visual FoxPro 有很强的数据操控功能。Visual FoxPro 9.0 新增了一个名为数据浏览器的工具，使得用户在基于客服机器/服务器（Client/Server，C/S）模式的开发变得更方便。

④ 方便的代码查错。Visual FoxPro 9.0 对它的程序编辑窗口也做了很大的增强。当 FoxPro 在代码中发现一处语法错误时，它会为相应代码画上下画线，这节约了开发者纠正 Bug 的时间，并且不必等到编译完成时才发现错误。

（2）新的数据处理方式

① 增强的 SQL 语言。取消了很多硬编码的限制，增强了子查询和关联查询的支持，支持更复杂的表达式，并增强了对 Union 的支持。

② 性能方面。Visual FoxPro 9.0 引进了一个新的索引类型——二进制索引，它可在任何逻辑表达式中被使用。同时增强了过滤型索引的性能，提高了 Top N、Min()/Max()以及 Like 这些查询子句的性能。

③ 命令和函数。对数据的操作更具灵活性，增强了对 SQL 中 showplan 的支持，增加了 Icase()函数以代替 IIF()函数。

④ 新的数据类型。支持 AutoInc、VarChar、VarBinary 和 Blob 等新的数据类型，并提供相应的类型转换函数：Cast()。增强了现有函数对数据类型的控制和转换能力。

⑤ 远程数据。Visual FoxPro 9.0 增强了事务控制的能力，游标（Cursor）机制使得代码逻辑更加清晰，Visual FoxPro 从 8.0 增加了 CursorAdapter 基类，9.0 中对该基类做了加强，使开发者只需几行代码就可以方便地访问远程视图。

（3）强大的报表设计器

① 报表系统的架构。新的报表引擎把报表的功能分成了两部分，其中报表引擎只处理数据和对象定位；增加了报表监听器处理显示和输出的事务。由于报表监听器是一个类（Class），因此可以非常方便地与报表进程交互操作。

② 新的报表语法。Visual FoxPro 9.0 兼容旧的报表引擎运行报表，用户可以像从前一样使用 Report 命令。但使用新式的报表行为必须使用 Report 命令的 Object 子句。Object 子句可以指定报表监听器和指定报表样式，微软称之为对象辅助（Object-Assisted）报表。

③ 报表监听器。报表监听器是提供新式报表行为的对象。报表监听器是基于 Visual FoxPro 9.0 的新的基础类 ReportListener 的。

为了让 Visual FoxPro 9.0 使用报表指定的监听器，需要建立自己的监听器类对象，并在 Report 命令的 Object 子句中引用该对象。

④ HTML 和 XML 输出。Visual FoxPro 9.0 提供了更多的报表输出类型，它包含了 ReportListener 的两个子类，分别为 HTMLListener 和 XMLListener，用来提供 HTML 和 XML 格式的报表输出。

⑤ 自定义显示。Visual FoxPro 9.0 不仅可以改变字段的外形，还可以在报表监听器中执行自己需要的任何事务。

ReportListener 的 Render 方法负责在报表页面上绘制每个对象。用户可以重载这个方法来实现各式各样的输出，真正实现报表自定义显示。

（4）其他功能

Visual FoxPro 9.0 为了适应软件发展的需要，还在其他方面做了改进，如增强向导功能、支持 Windows XP 主题、智能感知脚本、新的 NorthWind 样例数据库等，使用这些新功能可以使开发出来的应用程序具有更加强大的功能、更加方便的操作。

3. Visual FoxPro 9.0 的系统需求

Visual FoxPro 9.0 要求计算机硬件系统最低配置：CPU 为 Intel Pentium 以上，内存容量为 128 MB 及以上，图形显示卡，图形显示器，较大容量硬盘，要求配备鼠标与键盘，最好配备图形打印机。

目前，主流的计算机硬件系统配置为酷睿四代 I 处理器，4 GB 内存容量，500 GB 容量以上的硬盘，23 in 显示器，1 GB 以上显存的显示卡，能够保证很好地运行 Visual FoxPro 9.0。

4. Visual FoxPro 9.0 系统的安装方法

目前，Visual FoxPro 9.0 的常用版本为 Service Pack 2 中文版，安装过程简述如下：

安装前需规划安装路径，应将 Visual FoxPro 9.0 安装至逻辑盘，应事先清理安装目标盘的垃圾文件，进行硬盘碎片整理。

（1）运行安装文件系统中的安装程序文件，打开安装对话框。在安装源上找到 Visual FoxPro 9.0 系统文件所在位置，再找到可执行文件 *.EXE 并执行，屏幕会显示系统安装对话框 "安装 –Microsoft Visual FoxPro 中文版"，如图 2-1 所示。

图 2-1　系统安装对话框

（2）单击"下一步"按钮，选择程序安装路径，如图 2-2 所示。

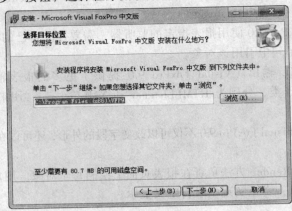

图 2-2 "选择目标位置"对话框

（3）单击"下一步"按钮，在"准备安装"对话框中单击"安装"按钮，如图 2-3 所示。

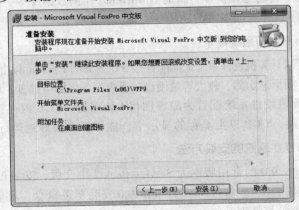

图 2-3 "准备安装"对话框

（4）弹出"正在安装"对话框，如图 2-4 所示。

图 2-4 "正在安装"对话框

（5）安装完毕，弹出如图 2-5 所示的对话框，安装成功。

图 2-5 "安装向导完成"对话框

5. Visual FoxPro 9.0 的开发环境

（1）Visual FoxPro 系统界面

① 系统的启动方式有两种：

a. 单击"开始"→"所有程序"→"Visual FoxPro 9.0"→"Visual FoxPro 9.0"命令，如图 2-6 所示。

b. 双击桌面上的 Microsoft Visual FoxPro 9.0 快捷方式图标。

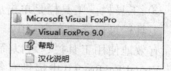

图 2-6 单击"Visul FoxPro 9.0"命令

系统主窗口显示如图 2-7 所示。

② 系统的退出。当需要退出 Visual FoxPro 9.0 时，可采用以下几种方法：

a. 单击窗口右上角的"关闭"按钮。

b. 双击窗口左上角的按钮。

c. 单击"文件"→"退出"命令。

d. 按【Alt+F4】组合键。

e. 在命令窗口中执行 Quit 命令。

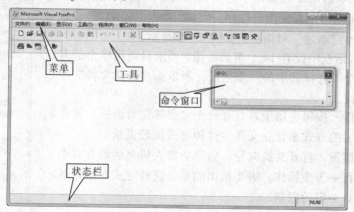

图 2-7 系统主窗口

（2）Visual FoxPro 的菜单与对话框

① 命令窗口。命令窗口用于输入操作命令，例如，输入命令"QUIT"后按【Enter】键，Visual FoxPro 系统即关闭，如图 2-8 所示。

图 2-8 "命令"窗口

如果命令窗口已关闭，单击"窗口"→"命令窗口"命令，或按【Ctrl+F2】组合键，可重新显示命令窗口。

② 菜单。启动 Visual FoxPro 9.0 之后，可以看见系统主窗口上设有"文件""编辑""显示""工具""程序""窗口"和"帮助"主菜单项。单击某个主菜单项后，会弹出相应的下拉菜单，下拉菜单中的每一项都有字面意义上的功能，它们被用于数据库管理系统操作方式中的选单操作。

- 下拉菜单项中带有省略号"…"的表示会打开一个对话框。
- 菜单项用括号括起来的字母，如"新建（N）"，表示 N 为热键，即在弹出菜单的情况下，按该字母键将执行菜单命令。
- 菜单项名称后面的组合键，如 Ctrl+N，表示为快捷键，即在未打开菜单的情况下，按该组合键会直接执行相应的菜单命令。
- 菜单项带有符号▶的表示有下一级菜单。

③ 工具栏。工具栏是单击后可以执行常用任务的一组按钮。

工具栏可以浮动在窗口中，也可以停放在 Visual FoxPro 9.0 主窗口的上部、下部或两边。有效地使用工具栏，可以简化从菜单中进行选取的步骤，达到快速执行命令的效果。Visual FoxPro 9.0 中提供有各种类型的工具栏，默认情况下只有"常用"工具栏和"维护精灵"工具栏可见，如图 2-9 和图 2-10 所示。

图 2-9 "常用"工具栏 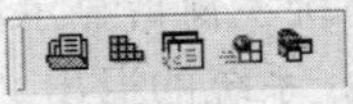　　　　　　　　　　　　图 2-10 "维护精灵"工具栏

若要激活一个工具栏：

a. 单击"显示"→"工具栏"命令，弹出"工具栏"对话框。

b. 在工具栏中单击工具栏列表。

④ 对话框。对话框是在操作中为了请求或显示信息所临时弹出的窗口，其作用是为了方便用户操作。例如，单击"文件"→"新建"命令，会弹出"新建"对话框，如图 2-11 所示。

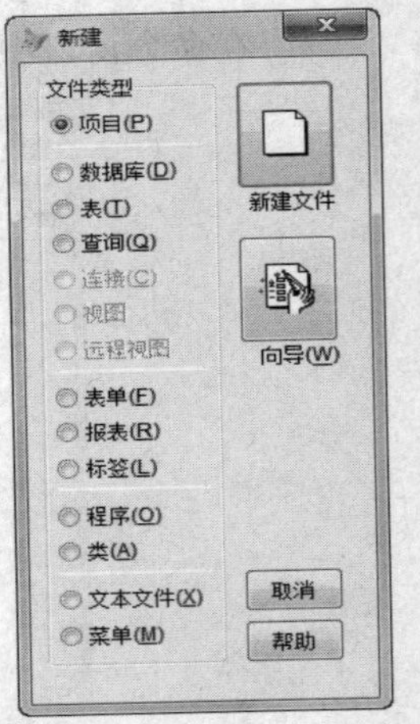

在"新建"对话框中设有 14 个单选按钮，要求只能用单击的方式选择其中的一个。选择其中的一项之后，再单击"新建文件"按钮或"向导"按钮。

- "新建文件"按钮：用于再打开一个"创建"对话框，通常以用户自主的方式来建立文件。这种方式比较灵活。
- "向导"按钮：打开系统向导，向导会以人机对话的方式引导用户进行一步步操作。需要指出的是，这种方式对用户的可选择性有一定的限制。

图 2-11 "新建"对话框

注意：在打开一个对话框时，系统主菜单将处于不能使用的状态。这一特性，主要是为了避免发生操作上的矛盾。

（3）Visual FoxPro 系统环境设置

为了更好地应用 Visual FoxPro 9.0 系统，在启动系统之后，需要单击"工具"→"选项"

命令，弹出"选项"对话框，如图 2-12 所示。

图 2-12 "选项"对话框

在"选项"对话框中可对系统环境进行设置，内容如下：

① "文件位置"选项卡。选择"默认目录"项，单击"修改"按钮，在弹出的对话框中选择"使用（U）默认目录"，单击按钮 $\cdots$，定位工作目录（如 F:\Visual FoxPro），再依次单击"确定"按钮、"设为默认值"按钮、"确定"按钮。

通过上述设置，可确保在以后在操作过程中所建立的各种用户文件都会存入该工作目录（F:\Visual FoxPro）。这一设置很重要，否则，用户文件会存放在系统安装目录与系统文件混在一起不方便操作。

设置文件位置，也可使用"SET DEFAULT TO 目录名"命令，例如：

```
SET DEFAULT TO F:\ Visual FoxPro
```

② "表单"选项卡。主要是设置"最大设计区"，根据计算机系统屏幕分辨率来对应设计。可设置 800 像素 × 600 像素或 1 024 像素 × 768 像素。

③ "区域"选项卡。在这里可设置时间为 12 小时制或是 24 小时制；设置日期分隔符为"/"或是"-"；设置"年份"为四位数或是两位数；时间是否"计秒"。

④ "IDE"选项卡。主要设置系统集成环境中的"字体"，系统默认为"宋体"9 号字，根据需要可适当修改。

⑤ "报表"选项卡。主要设置报表设计环境中的"字体"，系统默认为"宋体"9 号字，根据需要可适当修改。

⑥ 数据选项卡。主要设置数据排序方式，有下列 3 种排序方式可供选择：

a. Machine：按字符的内码顺序排序。

b. Pinyin：按拼音顺序排序。

c. Stroke：按笔画顺序排序。

上述设置能满足系统运行的基本需要，对于一些特殊的设置要求，以后会结合具体问题再做介绍。

2.2 项目的建立

项目管理器是 Visual FoxPro 中各种数据和对象的组织管理工具。

1. 项目和项目管理器的概念

在 Visual FoxPro 系统中，使用项目组织、集成数据库应用系统中所有相关的文件，形成一个完整的应用系统。所谓项目，是相关数据、文档和各类文件、对象的集合，亦是与一个应用有关的所有文件的集合。项目的扩展名是.pjx。

项目管理器是 Visual FoxPro 最重要的开发平台和控制中心。它的主要功能有两个：

① 用可视化的方法组织和处理一个项目的数据库、表、表单、报表、菜单、程序等一切文件资源，实现对文件的创建、修改、删除等操作。

② 在项目管理中可以将应用程序编译成一个扩展名为.app 的应用文件或扩展名为.exe 的可执行文件。

项目管理器类似于 Windows 资源管理器，并且功能更强大。

建立项目文件后，所有的后续开发工作都能够在项目管理器中很方便地进行。因此，必须熟练掌握并善于运用项目管理器进行系统开发。

2. 创建"项目"文件

建立项目管理器就是建立项目文件。建立项目文件可以使用两种方法：菜单方式和命令方式。

（1）菜单方式

从"文件"菜单中选择"新建命令，可以随时创建项目文件。步骤如下：

① 单击"文件"→"新建"命令，或者单击"常用"工具栏上的"新建"按钮，如图 2-13 所示。

② 在"新建"对话框中选中"项目"单选按钮，单击"新建文件"按钮，此时将打开"创建"对话框。

③ 在"创建"对话框中输入新项目名称，更改保存路径，然后单击"保存"按钮。

④ 进入"项目管理器"窗口，如图 2-14 所示，这时空的"项目 1"文件已经创建。

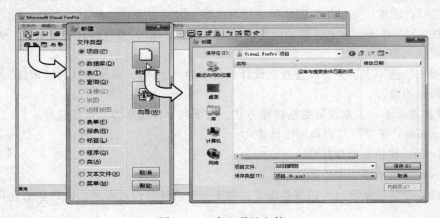

图 2-13　建立项目文件

（2）命令方式

在命令窗口输入创建项目的命令：

CREAT PROJECT <项目文件名>

图 2-14　"项目管理器"窗口

3. 打开项目管理器

从"文件"菜单中选择"打开"命令，可以随时打开项目文件。打开已有的项目的步骤如图 2-15 所示。

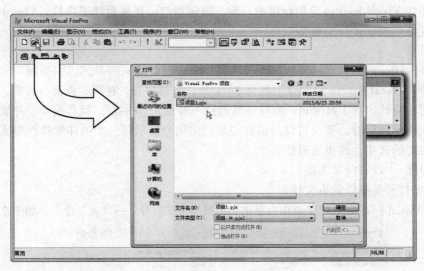

图 2-15　打开项目文件

4. "项目管理器"的使用说明

（1）"项目管理器"窗口的浮动与停靠

"项目管理器"首次被打开时会浮动在系统窗口上面；用鼠标拖动其标题栏可将其放置在窗口上边框处，使其处在停靠状态，如图 2-16 所示。

（2）"项目管理器"的基本操作

①"全部"选项卡：包括了所有的操作项目。而"数据""文档""类""代码""其他"5 个选项卡均为"全部"中的组成部分。

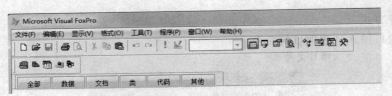

图 2-16 "项目管理器"停靠在窗口上沿

② 创建某一类型文件：先选择文件类型，再单击"新建"按钮。也可以应用系统提供的向导进行操作。

③ 删除已创建的文件：选中已经创建的文件，然后单击"移去"按钮从项目中移除。

④ 向项目内添加文件：对于项目以外的相关文件，可以单击"添加"按钮而添加到项目中来。

⑤ 修改文件：对于先前编辑过的文件，可单击"修改"按钮进行修改。

⑥ 运行程序文件或表单文件：对于程序文件和表单文件，可单击"运行"按钮来运行，以查看运行效果。

拓展知识

Visual FoxPro 的辅助工具

为了加快 Visual FoxPro 应用程序的开发，减轻用户的程序设计工作量，Visual FoxPro 提供了 3 类支持可视化设计的辅助工具。

（1）向导

Visual FoxPro 的向导是一种快捷设计工具，它通过对话框的形式，引导用户分步完成某一指定任务。Visual FoxPro 的向导工具有 20 余种，从创建表、视图、查询、表单、应用程序等均可使用相应的向导工具完成。向导工具的最大特点是"快捷"，操作简单，并能快速完成编辑任务。向导运行时，系统将以对话框的形式向用户提示每一步的详细操作步骤，引导用户选定所需要的选项，逐步完成任务。

操作步骤：（以表向导为例）

① 首先打开要操作的表文件。

② 在 Visual FoxPro 系统菜单中，单击"工具"→"向导"→"表"命令，如图 2-17 所示。

图 2-17 单击"表"命令

③ 在弹出的"表"对话框中选择"表向导",弹出"表向导"对话框,如图2-18所示。

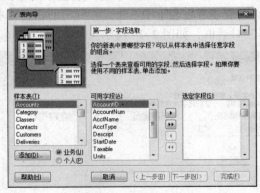

图2-18 "表向导"对话框

（2）设计器

说明：Visual FoxPro设计器为用户提供了一个友好的图形界面,为用户完成不同任务提供了良好的设置和选择工具。它比向导具有更强大的功能,可用来创建表结构、数据库结构、表单、查询、报表等。

操作步骤：（以表设计器为例）

① 在 Visual FoxPro 系统菜单中,单击"文件"→"新建"命令,然后在"新建"对话框中选择"表",弹出创建文件的对话框。

② 输入表文件名,弹出表设计器窗口。Visual FoxPro 设计器有多种,其功能如表2-1所示。

表2-1 Visual FoxPro 设计器及某功能

设计器名称	用　途
表设计器	创建表并在其上建索引
查询设计器	运行本地表查询
视图设计器	运行远程数据源查询；创建可更新的查询
表单设计器	创建表单,用以查看并编辑表中的数据
报表设计器	创建报表,显示及打印数据
标签设计器	创建标签布局以打印标签
数据库设计器	设置数据库；查看并创建表间的关系
连接设计器	为远程视图创建连接
菜单设计器	创建菜单或快捷菜单

（3）生成器

说明：Visual FoxPro 提供的生成器是一个带有选项卡的对话框。它可以简化创建或修改应用程序中所需要的构件,并以简单直观的人机交互操作方式完成应用程序的界面设计任务,改变了用户逐条编写程序、反复调试程序的烦琐工作方式。

操作步骤：（以表单生成器为例）

① 在 Visual FoxPro 系统菜单中,单击"文件"→"新建"命令,在弹出的对话框中选

择"表单",再单击"新建"按钮。

② 在表单窗口中选择图表或者在表单中右击,在弹出的快捷菜单中选择"表单生成器"命令,弹出"表单生成器"对话框,如图 2-19 所示。

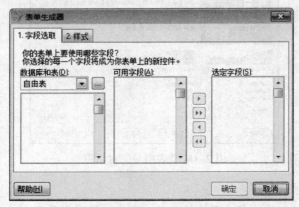

图 2-19 "表单生成器"对话框

技能操作

在项目中建立一个名为"图书"的数据库

说明:项目管理器的"数据"选项卡中包含一个项目中的所有数据:数据库、自由表、查询和视图。

操作步骤如下:

① 在"项目管理器"窗口中,选择"数据"选项卡,选择列表框中的"数据库",单击"新建"按钮,如图 2-20 所示。

② 弹出"新建数据库"对话框,单击"新建数据库"按钮,如图 2-21 所示。

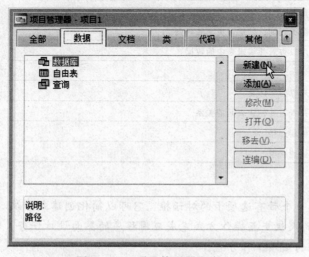

图 2-20 "项目管理器"窗口

图 2-21 "新建数据库"对话框

③ 弹出"创建"对话框，输入数据库"图书"，选择路径，单击"保存"按钮，如图 2-22 所示。

图 2-22　"创建"对话框

本章小结

Visual FoxPro 9.0 是一个关系型数据库管理系统，第一次使用 Visual FoxPro 9.0 应对系统运行环境进行初始设置。掌握 Visual FoxPro 9.0 系统主窗口构成，了解菜单、工具栏与对话框的功能是后续内容的学习基础。项目管理器是 Visual FoxPro 9.0 的"控制中心"，它是处理数据和对象的主要组织工具。

思考与练习

一、填空题

1. 要显示和隐藏 Visual FoxPro 的命令窗口，使用的是菜单栏中_____菜单下的_____命令。
2. 在 Visual FoxPro 的命令窗口，退出 Visual FoxPro 系统所执行的命令是_____。
3. 项目管理器的"移去"按钮有两个功能：一是把文件_____，二是_____文件。
4. 项目管理器文件的扩展名是_____。
5. 安装完 Visual FoxPro 之后，系统自动用一些默认值来设置环境，要定制自己的系统环境，应单击_____菜单下的_____命令。
6. 打开"选项"对话框之后，要设置日期和时间的显示格式，应选择"选项"对话框中的_____。

二、选择题

1. 启动 Visual FoxPro 后，系统当前目录称为默认目录，修改默认目录要使用的菜单是
（　　）。

A. "编辑"　　　　B. "显示"　　　　　　C. "工具"　　　　　　D. "窗口"

2. 要显示和隐藏 Visual FoxPro 所有的工具栏，应使用（　　）菜单下的"工具栏"命令。

A. "文件"　　　　B. "显示"　　　　　　C. "工具"　　　　　　D. "窗口"

3. 退出 Visual FoxPro 的操作方法是（　　）。

A. 从"文件"下拉菜单中选择"退出"命令

B. 单击"关闭"按钮

C. 在命令窗口中输入 QUIT 命令，然后按【Enter】键

D. 以上方法都可以

4. 通过 Visual FoxPro 项目管理器窗口的按钮不可以完成的操作是（　　）。

A. 新建文件　　　　　　　　　　B. 添加文件

C. 删除文件　　　　　　　　　　D. 为文件重命名

5. 运行 Visual FoxPro 9.0，错误的方法是（　　）。

A. 双击 Visual FoxPro 9.0 图标

B. 单击 Visual FoxPro 9.0 图标并按【Enter】键

C. 右击 Visual FoxPro 9.0 图标，并单击其快捷菜单中的"打开"命令

D. 拖动 Visual FoxPro 9.0 图标到一个新位置

6. Visual FoxPro 中的"文件"菜单中的"关闭"命令是用来关闭（　　）。

A. 当前工作区中已打开的数据库　　B. 所有已打开的数据库

C. 所有窗口　　　　　　　　　　D. 当前活动窗口

7. 显示与隐藏命令窗口的操作是（　　）。

A. 单击"常用"工具栏上的"命令窗口"按钮

B. 通过"窗口"菜单下的"命令窗口"命令来切换

C. 直接按【Ctrl+F2】或【Ctrl+F4】组合键

D. 以上方法都可以

8. 启动 Visual FoxPro 的向导可以（　　）。

A. 打开"新建"对话框　　　　　　B. 单击工具栏上的"向导"按钮

C. 从"工具"菜单中选择"向导"　　D. 以上方法均可以

9. Visual FoxPro 9.0 主要界面菜单栏中不包括（　　）菜单。

A. "文件"　　　　B. "项目"　　　　　　C. "程序"　　　　　　D. "窗口"

三、简答题

1. Visual FoxPro 9.0 有哪些特点？

2. Visual FoxPro 9.0 菜单有什么特点，各菜单有哪些功能？

3. 进行 Visual FoxPro 9.0 的安装练习。

4. 简述打开"项目管理器"窗口的一般步骤。

第3章

➡ Visual FoxPro 的数据与数据运算

程序设计最基本的操作是对数据进行运算。Visual FoxPro 提供了多种数据类型，并且把这些数据保存到变量、数组、表和其他数据存储窗口容器中。简单的数据处理可以通过函数、表达式和单条命令完成。

知识目标：

- 掌握常量的表示与使用；
- 掌握变量的定义与使用；
- 掌握数据类型的定义与使用；
- 掌握表达式的使用方法；
- 了解常用函数的使用方法。

3.1　常量与变量

常量是指在程序运行过程中固定不变的数据，在 Visual FoxPro 中，常量包括数值型常量、字符型常量、日期型常量、日期时间型常量和逻辑型常量。

1. 常量

（1）数值型常量

数值型常量即数学中的常数，由数字（0～9）、小数点和正负号构成的，最大长度为 20 个字符。例如，3.14、–53、5543 等。

（2）字符型常量

字符型常量也称字符串，它由中英文字符、数字、空格等 ASCII 字符组成，使用时必须用定界符括起来，定界符包括单引号（''），双引号（""）和方括号（[ ]）。如果定界符成为常量的组成部分，则应使用另外的定界符括起来。例如，"I'm a teacher."。

注意： 定界符的作用是确定字符串的起始位置和终止界限，它本身不是字符型常量的内容。不包含任何字符的字符型常量""称为空串，空串与包含空格的字符型常量（" "）不同。

（3）日期型常量

日期型常量是用来表示一个日期，其表示方式是用符号{ }将日期括起来，花括号中包含以分隔符"/"分隔的年、月、日 3 部分内容，还可以用连字符"–"和句点"."作为分隔符。

① 传统日期格式：{MM/DD/YY}或{MM/DD/YYYY}，其中 MM、DD、YY 分别表示月、日、年。

例如，{0617/15}或{06/17/2015}，表示 2015 年 6 月 17 日。

② 严格日期格式：{^YYYY-MM-DD}，其中符号"^"表明该日期格式是严格的，并按照年、月、日的格式来解释日期。

例如，{^2015-06-17}，表示 2015 年 6 月 17 日。

注意：系统默认的日期格式为严格的日期格式，若要使用传统的日期格式必须先执行 set strictdate to 0 命令；若再要用严格的日期格式须先要执行 set strictdate to 1 命令或通过函数转换才能进行。

（4）日期时间型常量

日期时间型常量是用符号{}括起来的日期时间型数据序列，括号内主要包括日期和时间两部分内容，其格式为{<日期>，<时间>}。<日期>部分的格式与日期型常量相似，<时间>部分的格式为[HH[:MM[:SS]]][A/P]。这里 HH、MM、SS 分别表示时、分和秒，A（或 AM）和 P（或 PM）分别表示上午和下午。

例如，?{^2015-06-20,11:43:30 A}。

（5）逻辑型常量

逻辑型常量只有两个值：真与假，逻辑真（.T. 或.Y.），逻辑假（.F.或.N.），前后两个句点是定界符，不能省略。逻辑型数据只占用一个字节。

2. 变量

变量是在命令或程序执行过程中其值可以发生变化的量，主要有字段变量、内存变量、系统变量、对象变量和数组变量 5 种类型。

（1）字段变量

字段变量是指表中已定义的任意一个字段，由于在一个数据表中字段的值是随记录行的变化而变化的，所以它为变量。字段变量是定义在表中的变量，随表的存取而存取，因而是永久性变量。字段名就是变量名，变量的数据类型为 Visual FoxPro 中的任意数据类型，字段值就是变量值。字段变量通常简称为字段。

（2）内存变量

内存变量是指内存中的一个存储单元，该单元的名称称为内存变量名，该单元内存放的数据称为内存变量的值，而内存变量的类型取决于内存变量值的类型，它可以是数值型、字符型、逻辑型、日期型和日期时间型。

Visual FoxPro 的内存变量分为"系统内存变量"和"用户内存变量"两种。前者是启动 Visual FoxPro 系统后自动产生的内存变量，它们决定系统的运行状态。后者则是用户定义的内存变量。用户最多可以定义 1 024 个内存变量。

① 内存变量的命名规则：

a. 以字母（汉字）或下画线开头。

b. 只能含字母、数字和下画线，不允许有空格和特殊字符。

c. 不应超过 128 个字符，其中每个汉字占 2 个字符。

d. 不应是 Visual FoxPro 的保留字，也不应是保留字的前 4 个字符（如该变量只由 4 个字符组成）。

② 使用 STORE 命令为内存变量赋值。

格式 1：<内存变量名>=<表达式>

格式 2: STORE <表达式> TO <内存变量名列表>

功能：计算 <表达式>，并将计算结果赋值给内存变量。

说明：表达式可由常量、变量、函数和运算符组成。内存变量名列表中的内存变量应用逗号分隔，该命令可以同时为多个内存变量赋值。

例如：

```
store 7 to m                 &&将 7 赋值给变量 m
store 5*12 to a,b            &&先计算表达式 5*12 的值，再将值分别赋给 a,b
```

注意：在 store 5*12 to a,b 中，不能改写为 a,b=5*12。

③ 直接为内存变量赋值。使用符号 "=" 可以直接为内存变量赋值。

例如：

```
c1 =2 +7                    &&将表达式 2+7 的和赋值给变量 c1
c2 = c1 +9                  &&将计算表达式 c1 +9 后的值 18 赋给变量 c2
```

说明：一个变量的值可以不断变化，最终结果是它最后一次的赋值。

④ 显示内存变量。可以使用 DISPLAY MEMORY 命令或 LIST MEMORY 命令来查看已定义的变量。

格式: DISPLAY | LIST MEMORY

功能：该命令用于显示已定义的变量名、作用范围、类型和值。

说明：DISPLAY 命令用于分屏显示，LIST 命令用于滚屏显示。

【例 1】定义内存变量 M 的值为 5，MN 的值为 "student"，并在屏幕上显示出来。

在命令窗口中输入：

```
M=5
MN="student"
LIST   MEMORY   LIKE   M*
```

屏幕显示结果为：

```
M Pub    N     5        (5.00000000)
MN Pub   C     "student"
```

⑤ 释放内存变量。内存变量最多可定义 1 024 个，为了节省存储空间，变量使用完以后应及时释放，可以使用以下命令之一来释放存储空间。

格式 1: RELEASE ALL

功能：该命令用于释放全部内存变量。

格式 2: RELEASE <内存变量列表>

功能：该命令用于释放指定的内存变量。

格式 3: RELEASE ALL [LIKE 模式| EXCEPT 模式]

功能：该命令用于释放与指定模式相匹配的内存变量。

说明：[LIKE 模式]子句用于指定要释放与指定的模式相匹配的所有变量，可含通配符。[EXCEPT 模式]子句用于指定要释放除与指定的模式相匹配之外的所有变量，可含通配符。

格式 4: LEAR MEMORY

功能：该命令用于释放全部内存变量。

例如：

```
RELEASE  c1,c2              &&释放变量 c1,c2
```

```
DISPLAY   MEMORY                    &&显示的内存变量就只剩下 a,b1,b2
RELEASE   ALL   LIKE   b*          &&释放变量名以 b 为开头的所有变量
DISPLAY   MEMORY                    &&显示的内存变量就只剩下 a
```

⑥ 表达式显示命令。

格式：?|??＜表达式＞

功能：计算表达式的值，并将其结果显示在屏幕上。

说明："?"表示换行显示结果，"??"表示从当前行的当前列显示结果。

【例2】内存变量的应用。

在命令窗口中输入：

a=2

b=4

c=6

? a,b,c

?? a,b,c

? 's=',a

屏幕显示结果为：

2   4   5   2   4   6

s＝2

（3）系统变量

Visual FoxPro 提供了一批系统变量，它们都是以下画线开头，分别用于控制外围设备（如鼠标、打印机等）、屏幕输出格式或处理有关计算器、剪贴板和日历方面的信息。

（4）对象变量

面向对象语言中特有的变量类型，是一种集合变量，不仅可以包含数据，还可以包含属性和方法。

（5）数组

数组是按一定顺序排列的一组内存变量，在内存中用一片连续的区域来存放，数组用统一的名称来表示，称为数组名，数组中的每一个内存变量都称为数组的元素，数组元素用数组名及它在数组中的排列标号（简称下标）来表示。例如，A(1)、A(2)、A(3)、A(4)，其中 A 表示数组名，1、2、3、4 为下标。根据下标的个数又可以把数组分为一维数组和二维数组，例如 A(3)表示一维数组、B(3,4)表示二维数组。

3.2　表达式的应用

表达式是指用括号和运算符把常量、变量以及函数连接而成的式子，单个的常数、变量、函数是一种特殊的表达式，表达式具有计算、判断和数据类型转换等作用。表达式通过计算均能得到一个结果，称为表达式的值。表达式所用到的运算符分为数值型、字符型、日期型、关系型和逻辑型等，因而就有相应的数值表达式、字符串表达式、日期表达式、关系表达式和逻辑表达式。

1. 数值、字符与日期时间表达式

（1）数值型表达式

数值型表达式是由数值运算符将数值常量、变量、字段或函数连接起来构成的式子，运

算结果为数值型。常见的算术运算符按优先级排列，如表 3-1 所示。

表 3-1 数值运算符

运 算 符	说 明	优 先 级
()	圆括号	最高
−	负号（取相反数）	
**、^	乘幂	
*、/、%	乘、除、取余数	
+、−	加、减	最低

【例 3】计算表达式 50−(2**5/8+3)*2 的值。

在命令窗口输入：

?50−(2**5/8+3)*2

屏幕显示结果为：

36

【例 4】a=7，b=5，计算表达式(a+b)/(a−b)的值。

在命令窗口输入：

a=7

b=5

?(a+b)/(a−b)

屏幕显示结果为：

6.0000

（2）字符表达式

字符表达式由字符型常量、变量、函数和字符运算符组成，其运算结果仍为字符型。字符运算符主要有两类：连接运算和包含运算。

连接运算有完全连接和不完全连接两种，分别使用运算符"＋"和"−"，如表 3-2 所示。

表 3-2 字符运算符

运 算 符	说 明
+	用于连接两个字符串
−	用于连接两个字符串，并将前一个字符串尾部的空格移到结果字符串的尾部

包含运算本应归于关系运算类，由于它是字符串之间特有的关系运算，故将其放在字符表达式中介绍，包含运算的结果不再是字符型而是逻辑型。

格式：字符串1$字符串2

功能：如果字符串1包含在字符串2中，则表达式的值为.T.，否则为.F.。

【例 5】字符表达式的应用。

在命令窗口输入：

?"青少年　"+"儿童"

屏幕显示结果为：

青少年 儿童

在命令窗口输入：

?"青少年 "-"儿童"

屏幕显示结果为：

青少年儿童

在命令窗口输入：

?" street "$"sterrr"

屏幕显示结果为：

.F.

在命令窗口输入：

?"street"$" streets"

屏幕显示结果为：

.T.

注意：以上所有运算符与操作数组成的表达式中，操作数必须是同类型的数据。

（3）日期时间表达式

日期型表达式由日期型或数值型常量、变量、函数和日期运算符"+"、"-"组成，其运算结果为日期型或数值型，如表 3-3 所示。

"+"运算符：如果日期值+数值表示日期值加天数，日期值+日期型无意义。

"-"运算符：如果日期值-数值表示日期值减天数，日期型-日期型表示两日期相距的天数。

表 3-3 日期时间运算符

格　　　式	类型及结果
日期+天数或天数+日期	日期型，指定日期为"天数"后的日期
日期-天数	日期型，指定日期为"天数"前的日期
日期-日期	数值型，指定两个日期之间相差的天数
日期时间+秒数或秒数+日记时间	日期时间型，指定日期时间若干秒后的日期时间
日期时间-秒数	日期时间型，指定日期时间若干秒前的日期时间
日期时间-日期时间	数值型，指定两个日期时间之间相差的秒数

【例 6】 日期时间表达式的应用。

在命令窗口输入：

?{^2015-06-10}+10

屏幕显示结果为：

06/20/15

在命令窗口输入：

?{^2015-06-10}-10

屏幕显示结果为：

05/31/15

在命令窗口输入：

?{^2015-06-10}-{^2014-06-10}

屏幕显示结果为：

365

在命令窗口输入：

?{^2015-06-10}+{^2014-06-10}

屏幕显示结果为：

"操作符/操作数类型不匹配"的错误信息。

2. 关系表达式

关系运算符是对两个数据进行比较操作的一种符号，如表 3-4 所示，关系运算的结果一定是逻辑值。

表 3-4 关系运算符

运 算 符	说 明	运 算 符	说 明
<	小于	<=	小于等于
>	大于	>=	大于等于
=	等于	<>、#、!=	不等于
==	字符串精确比较	$	字符串包含测试

在关系表达式运算时，就是比较同类两数据对象的"大小"，对于不同类型的数据，其"大小"或是值的大小，或是先后顺序。日期或日期时间数据则以日期或时间的先后顺序为序。默认规则为：

① 单个字符：是以字符 ASCII 码的大小作为字符的"大小"，也就是有先后顺序。

② 字符串：从左到右逐个字符进行比较，但因系统相关设置状态不同，比较的结果与预期的不完全相同。

③ 汉字：系统默认按汉字的拼音排序汉字的顺序，因此汉字的比较实质上是以字母的顺序进行比较。在 Visual FoxPro 系统中可以设置汉字按笔画排列顺序，因而，汉字也可以对笔画数的多少进行"大小"比较。

【例 7】日期时间表达式的应用。

在命令窗口输入：?7*7>25

屏幕显示结果为：.T.

在命令窗口输入： ?"abcde"<"abc"

屏幕显示结果为：.F.

在命令窗口输入： ?"abcde"="abc"

屏幕显示结果为：.F.

在命令窗口输入：?"AB"$"XABY"

屏幕显示结果为：.T.

3. 逻辑表达式

逻辑表达式由逻辑运算符和逻辑常量、变量、函数及关系表达式组成，其结果仍是逻辑值。

逻辑运算符按其运算优先级有 NOT 或!（非）、AND(与）、OR(或）。

① 使用.NOT.运算的表达式为假，则逻辑表达式的值为真。

② 使用.AND.连接的两个表达式的值同时为真，则其值为真，其余都为假。

③ 使用.OR.连接的两个表达式的值，只要有一个为真，其值就为真。

【例8】逻辑表达式比较。

在命令窗口输入：?NOT(70 >124)

屏幕显示结果为： .T.

在命令窗口输入：?not(70<124)and(40<50)

屏幕显示结果为：.T.

在命令窗口输入：?not(70<124)or(40=50)

屏幕显示结果为： .T .

4. 运算符优先级

不同类型的运算符有可能出现在同一个表达式中。运算过程中，括号的优先级最高，其余各类运算符的优先级别由高到低依次为：

① 数值运算（其中%运算与/、*同级别）、字符串运算和日期运算。

② 关系运算。

③ 逻辑运算。

3.3　常用函数

函数是用程序来实现的一种数据运算或转换，由函数名、参数和函数值3个要素组成，它可以用函数名加一对圆括号加以调用，参数放在圆括号里。按其返回值的类型主要分为字符函数、数值函数、日期和时间函数以及数据转换函数等。

1. 数值函数

（1）绝对值函数

格式：ABS（＜数值表达式＞）

功能：计算数值表达式的值，并返回该值的绝对值。

在命令窗口输入：?abs (20-3*11)

屏幕显示结果为：13

（2）指数函数

格式：EXP(＜数值表达式＞)

功能：计算以 e 为底的指数幂。

例如，求以 e 为低的 4 的指数。

在命令窗口输入：?exp(4)

主屏幕显示结果为：54.60

（3）四舍五入函数

格式：ROUND(＜数值表达式＞,＜保留小数位数＞)

功能：计算数值表达式的值，根据保留小数位数进行四舍五入。如果＜保留小数位数＞为正数 n，则对小数点后 n+1 位四舍五入；如果＜保留小数位数＞为负数 n，则对小数点前 n 位四舍五入。

例如，保留 2 位小数对 223.1592 进行四舍五入运算。

在命令窗口输入：?round(223.1592,2)

屏幕显示结果为：223.16

例如，取 2 位整数对 223.1592 进行四舍五入运算。

在命令窗口输入：?round(223.1592,-2)

屏幕显示结果为：200

（4）最大值函数

格式：MAX(<数值表达式1>，<数值表达式2>，…)

功能：求括号里各数值表达式的值，并返回最大值。

在命令窗口输入：?max(20,4*8,-41,3.14)

屏幕显示结果为：32

（5）最小值函数

格式：MIN(<数值表达式1>，<数值表达式2>，…)

功能：求括号里各数值表达式的值，并返回最小值。

在命令窗口输入：?min(20,4*8,-41,3.14)

屏幕显示结果为：-41

（6）求余数函数

格式：MOD(<数值表达式1>，<数值表达式2>)

功能：返回两数相除后的余数，如果两数同号，则函数值即为两数相除的余数；如果两数异号，则函数值为两数相除的余数（正负号同被除数）再加上除数的值。

在命令窗口输入：?mod(31,5)

屏幕显示结果为：1

在命令窗口输入：?mod(31,-5)

屏幕显示结果为：-4

（7）平方根函数

格式：SQRT(<数值表达式>)

功能：计算数值表达式的平方根。

在命令窗口输入：?sqrt(49)

屏幕显示结果为：7.00

在命令窗口输入：?sqrt(abs(-81))

屏幕显示结果为：9.00

（8）随机数函数

格式：RAND(<数值表达式>)

功能：返回 0～1 之间的随机数。

在命令窗口输入：?rand(5*8)

屏幕显示结果为：0.82

（9）取整函数

格式：INT(<数值表达式>)

功能：截去数值表达式小数部分，返回整数部分。

在命令窗口输入：?int(-21.156)

屏幕显示结果为：-21

（10）对数函数

格式：LOG（<数值表达式>）

功能：求数值表达式的对数。

在命令窗口输入：?log(23)

屏幕显示结果为：3.14

（11）符号函数

格式：SIGN（<数值表达式>）

功能：判断表达式的符号。该数值为正、零、负数时分别返回 1、0、-1。

在命令窗口输入：?SIGN(12/2),SIGN(6-6),SIGN(-8*2)

屏幕显示结果为：1　　　0　　　-1

2. 字符函数

字符函数是处理字符型数据的函数，其自变量或函数值中至少有一个是字符型数据，函数中涉及的字符型数据项均以字符表达式表示。

（1）字符串长度函数

格式：LEN（<字符表达式>）

功能：返回指定字符表达式值的长度，即所含字符数（包括空格）。

在命令窗口输入：?len("student")

屏幕显示结果为：7

（2）字符串匹配函数

格式：LIKE（<字符表达式 I>，<字符表达式 2>）

功能：比较两字符串对应位置上的字符，若所有对应字符都匹配，函数返回逻辑真（.T.），否则返回逻辑假(.F.)。

例如，判断 2 个字符串是否有匹配字符。

在命令窗口输入：?like('student','Student')

屏幕显示结果为：.F.

在命令窗口输入：?like('stud*','student')

屏幕显示结果为： .T.

（3）大小写转换函数

格式：LOWER（<字符表达式>）

　　　　UPPER （<字符表达式>）

功能：LOWER()将指定表达式值中的大写字母转成小写字母，其他字符不变。

　　　　UPPER()将指定表达式值中的小写字母转成大写字母，其他字符不变。

在命令窗口输入：?lower("CHINA")

屏幕显示结果为：china

在命令窗口输入：?upper("Chinese")

屏幕显示结果为：CHINESE

（4）生成空格字符串函数

格式：SPACE(<数值表达式>)

功能：返回指定数目的空格组成的字符串。

（5）截取子串函数

格式：LEFT(<字符表达式>,<数值表达式>)

　　　RIGHT(<字符表达式>,<数值表达式>)

　　　SUBSTR(<字符表达式),<起始位置>[,<长度>])

功能：LEFT()指从字符表达式左边开始，截取<数值表达式>指定长度的字符串。

RIGHT()指从字符表达式右边开始，截取<数值表达式>指定长度的字符串。

SUBSTR()指从指定起始位置开始，截取指定长度的字符串。

在命令窗口输入：?left("I am a student",4)

屏幕显示结果为：I am

在命令窗口输入：?right("I am a student",7)

屏幕显示结果为：student

在命令窗口输入：?substr("I am a student",6,9)

屏幕显示结果为：a student

（6）删除前后空格函数

格式：ALLTRIM(<字符表达式>)

功能：将字符表达式前导和末尾的空格删除。

在命令窗口输入：?alltrim(" student ")

屏幕显示结果为： "student"

（7）求子串位置函数

格式：AT(<字符表达式1>,<字符表达式2>[,<数值表达式>])

功能：如果<字符表达式1>是<字符表达式2>的子串，则返回<字符表达式1>值的首字符在<字符表达式2>值中的位置；若不是子串，则返回0。要区分大小写。<数值表达式>表示在<字符表达式2>中<字符表达式1>第几次出现时的位置。

在命令窗口输入：?at ("xpro","Foxpro")

屏幕显示结果为：3

在命令窗口输入：?at ("CHI","China")

屏幕显示结果为：0

（8）复制字符串函数

格式：replicate (<字符表达式>,<数值表达式>)

功能：将字符表达式复制指定的次数。

在命令窗口输入：?replicate("中国",3)

屏幕显示结果为：中国中国中国

（9）宏替换函数

格式：&<字符型内存变量>[.<字符串>]

功能：一是替换字符型内存变量的值，二是将数值型字符转换为数值型数据。如果变量名后还有其他字符，必须用"."隔开，即用"."终止变量名。

在命令窗口输入：x= "9"

```
?&x
```

屏幕显示结果为：8

在命令窗口输入：name="李国强"

　　　　　　　　? "欢迎&name.先生！"

屏幕显示结果为：欢迎李国强先生！

3. 日期和时间函数

日期和时间函数是处理日期型或日期时间型数据的函数，其自变量为日期型表达式或日期时间型表达式。

（1）系统时间函数

格式：TIME([<数值表达式>])

功能：输出系统当前时间。

（2）系统日期函数

格式：DATE()

　　　　DATETIME()

功能：DATE()函数为输出系统当前日期。

DATETIME()函数为输出当前系统的日期及时间。

例如，显示系统当前的日期、时间。

在命令窗口输入：?date()

屏幕显示结果为：06/12/15

在命令窗口输入：?time()

屏幕显示结果为：19:40:33

在命令窗口输入：?datetime()

屏幕显示结果为：06/12/15 07:41:40 PM

（3）日期函数

格式：DAY(<日期型表达式>)

功能：输出日期型表达式中的天数。

（4）星期函数

格式：CDOW(<日期型表达式>)

　　　　DOW(<日期型表达式>)

功能：CDOW 函数输出日期型表达式中星期的英文名称。

DOW 函数输出日期型表达式中星期的数值。

（5）月份函数

格式：MONTH(<日期型表达式>)

　　　　CMONTH(<日期型表达式>)

功能：MONTH 函数输出日期型表达式的月份数。

CMONTH 函数输出日期型表达式月份的英文名。

（6）年份函数

格式：YEAR(<日期型表达式>)

功能：输出日期型表达式的年份。

例如，测试表达式{^2015-6-12 10:25:10}的年、月、日和星期。

在命令窗口输入：?year({^2015-06-12 10:25:10})

屏幕显示结果为：2015

在命令窗口输入：?month({^2015-06-12 10:25:10})

屏幕显示结果为：6

在命令窗口输入：?day({^2015-06-12 10:25:10})

屏幕显示结果为：12

在命令窗口输入：?cdow({^2015-06-12 10:25:10})

屏幕显示结果为：星期五

在命令窗口输入：?dow({^2015-06-12 10:25:10})

屏幕显示结果为：6

4. 数据类型转换函数

在数据库应用过程中，经常要将不同数据类型的数据进行相应转换，满足实际应用的需要。Visual FoxPro 系统提供了若干个转换函数，较好地解决了数据类型转化的问题。

（1）字符型转为数值型函数

格式：VAL(<字符型表达式>)

功能：将数字组成的字符串转换成数值，遇到非数字字符时停止。

在命令窗口输入：

```
MA="43"
MB="25"
? MA+MB
? VAL(MA)+VAL(MB)
```

屏幕显示结果为：

```
4325
68.00
```

（2）数值转换成字符型函数

格式：STR(数值型表达式[,<长度>[,<小数位数>]])

功能：将数值型表达式的值转换成字符串，转换时根据需要自动进行四舍五入。如果<长度>值大于数值型表达式的所有位数，则字符串加前导空格以满足规定的<长度>要求；如果<长度>值大于等于数值型表达式值的整数部分位数（包括负号）但又小于所有位数，则优先满足整数部分而自动调整小数位数；如果<长度>值小于数值型表达式值的整数部分位数，则返回一串星号(*)。如果无小数位数和长度，则<小数位数>的默认值为0，<长度>的默认值为10。

在命令窗口输入：

```
N=-123.456
?"n="+STR(n,8,3)
?STR(n,9,2),STR(n,6,2),STR(n,3),STR(n,6),STR(n)
```

屏幕显示结果为：

```
N=-123.456
-123.46    -123.5    ***    -123    -123
```

（3）ASCII 码函数

格式：ASC(<字符型表达式>)

功能：将字符表达式首字符转为相应的 ASCII 码值。

在命令窗口输入：?ASC("Look")

屏幕显示结果为：76

（4）ASCII 码转为字符函数

格式：CHR(＜数值型表达式＞)

功能：将 ASCH 码值转为相应的字符。

在命令窗口输入：?CHR(78)

屏幕显示结果为：N

（5）日期字符型转换函数

格式：DTOC(＜日期型表达式＞[,1])

功能：将日期型表达式转为相应的字符串，若选参数[,1]，则转换为年月日的形式。

在命令窗口输入：?DTOC({^2015-06-12})

屏幕显示结果为：06/12/15

在命令窗口输入：? DTOC({^2015-06-12},1)

屏幕显示结果为：20150612

（6）字符型转为日期型函数

格式：CTOD(＜字符型表达式＞)

功能：将××/××/××格式的字符型表达式转为日期值。

在命令窗口输入：?CTOD("06/1510")

屏幕显示结果为：06/15/10

拓展知识

1. 字符型数据的比较

在 Visual FoxPro 中，有 3 种排序或比较规则，即 Machine、PinYin 和 Stroke 规则。

中文 Visual Foxpro 默认为 PinYin 比较规则，但可以选择比较规则。

选择比较规则的命令：

SET COLLATE TO "＜排序次序名＞"

排序名必须放在引号当中，次序名可以是 "PinYin" "Machine" 或 "Stroke"。

Machine 规则：西文和符号是按 ASCII 码值排序。

PinYin 规则：汉字按照拼音顺序，即字典序比较。

Stroke 规则：中文按照书写笔画的多少排序。对于西文符号而言，与 PinYin 规则相同。

2. 字符串精确比较与 EXACT 设置

用"=="号比较两个字符型数据是否相等时，结果与 SET EXACT 的状态无关，左右两个字符串必须完全一样才认为相等。

当用 "=" 号比较两个字符型数据是否相等时，结果与 SET EXACT 的状态有关：

SET EXACT OFF 时，只要右边那个字符串与左边字符串的前面部分内容相等即可；

SET EXACT ON 时，左右两个字符串必须完全一样才认为相等。

在命令窗口输入：SET EXACT OFF

　　　　　　　　?"ABC" = "AB"

屏幕显示结果为： .T.

在命令窗口输入：SET EXACT ON

       ?"ABC" = "AB"

屏幕显示结果为： .F.

3. 测试函数

在数据库应用过程中，用户需要了解数据对象的类型、状态等属性，Visual FoxPro 系统提供了相关的测试函数，使用户能够准确地获取操作对象的相关属性。

（1）记录号测试函数

格式：RECNO()

功能：返回当前记录的记录号。

（2）记录数测试函数

格式：RECCOUNT(＜工作区＞)

功能：返回当前表或指定工作区表的记录个数，包括逻辑删除的记录在内。

（3）表文件首测试函数

格式：BOF()

功能：测试当前表文件中的记录指针是否指向文件首，若"是"返回逻辑真.T.，若"不是"返回逻辑假.F.。

（4）表文件尾测试函数

格式：EOF()

功能：测试当前表文件中的记录指针是否指向文件尾，若"是"返回逻辑真.T.，若"不是"返回逻辑假.F.。

（5）表名测试函数

格式：DBF(＜工作区＞)

功能：测试指定工作区文件名。

（6）表别名测试函数

格式：ALIAS(＜工作区＞)

功能：测试指定工作区表的别名。

（7）测试查询结果函数

格式：FOUND([＜工作区＞])

功能：用 LOCATE, CONTINUE, SEEK, FIND 语句查找到则返回.T.，否则返回.F.。

（8）测试表达式类型函数

格式：TYPE("＜表达式＞")

功能：返回表达式类型，以 N、C、D、L 等之一表示。

技能操作

1. 在命令窗口依次输入并执行下列命令

设置显示世纪格式，显示后再取消：

```
SET DATE AMERICAN        &&设置北美洲日期格式
SET CENTURY ON           &&设置显示世纪
```

```
d={^2015-03-01}                    &&将日期赋予变量 d
?d                                 &&显示变量 d 的内容
```

屏幕显示结果为：03/01/2015

```
SET CENTURY OFF                    &&设置取消显示世纪
SET MARK TO "-"                    &&设置分隔符为 "-"
?d                                 &&显示变量 d 的内容
```

屏幕显示结果为：03-01-15

2. 显示 12 小时制和 24 小时制的日期与时间

在命令窗口输入并执行下列命令：

```
SET CENTURY ON                         &&设置显示世纪
SET MARK TO "-"                        &&设置日期分隔符为 "-"
SET HOURS TO 24                        &&设置以 24 小时制显示时间
t={^2015-03-01 15:30:20} &&将日期和时间值赋予变量 t
?t
```

屏幕显示结果为：03-01-2015 15:30:20

```
SET HOURS TO 12                        &&设置以 12 小时制显示时间
?t
```

屏幕显示结果为：03-01-2015 3:30:20 PM

在 12 小时制下，若时间的后面显示 AM，表示上午；若显示 PM，表示下午。

本章小结

本章着重介绍了常量、变量、函数及表达式的有关概念，这是学习 Visual FoxPro 程序设计的基础。

常量是指程序运行过程中固定不变的数据，包括数值型常量、字符型常量、日期型常量、日期时间型常量和逻辑型常量。应重点理解定界符的概念，重点掌握字符型常量、日期型常量、日期时间型常量和逻辑型常量的表示方法。

变量是指在命令或程序执行过程中其值可以发生变化的量，主要有字段变量、内存变量和数组 3 种类型。在学习过程中应了解字段变量、内存变量和数组的差别，重点掌握内存变量的赋值、显示和操作。

表达式是指用括号和运算符将常量、变量以及函数连接而成的式子。根据表达式的值，表达式可分为数值表达式、字符串表达式、日期表达式、关系表达式和逻辑表达式。在学习过程中应重点掌握各种运算符的使用。

思考与练习

一、选择题

1. 下列表达式中，结果总是逻辑值的是（   ）。

   A. 关系表达式   B. 日期时间型表达式

   C. 数值表达式   D. 字符表达式

2. 在 Visual Foxpro 中，字符型数据的最大长度是（　　　）。

    A. 8　　　　　　　　B. 255　　　　　　　　C. 没有限制　　　　　　　D. 254

3. 在 Visual Foxpro 9.0 中，下列数据属于常量的是（　　　）。

    A. T　　　　　　　　B. F　　　　　　　　C. 07/08/09　　　　　　　D. ALL

4. 下列表达式中，结果值为 .F. 的是（　　　）。

    A. '70'>[120]　　　　　　　　　　　　B. "李梅"<"张梅"

    C. 110<150　　　　　　　　　　　　D. {^2015/2/10}+100<{^2015/4/10}

5. 执行 ?MOD(20,-3) 的显示结果是（　　　）。

    A. 2　　　　　　　　B. -1　　　　　　　　C. 1　　　　　　　　D. -2

6. 日期型数据长度固定为（　　　）。

    A. 4　　　　　　　　B. 6　　　　　　　　C. 8　　　　　　　　D. 10

7. 下面 4 组符号中，（　　　）不是 Visual Foxpro 表达式。

    A. 111293　　　　　　B. '999'　　　　　　C. X+Y　　　　　　D. ABC=3.AND.EFG=5

8. VAL("-165B.67") 的值是（　　　）。

    A. -165.67　　　　　B. -165B.67　　　　C. -165.00　　　　D. -16567

9. 使用 DIMENSION 命令定义数组后，各数组元素在么有赋值之前数据类型是（　　　）。

    A. 数值型　　　　　　B. 字符型　　　　　　C. 逻辑型　　　　　　D. 未定义

10. 字符串长度函数 LEN（SPACE(3)- SPACE(2)）的值是（　　　）。

    A. 1　　　　　　　　B. 2　　　　　　　　C. 3　　　　　　　　D. 5

二、填空题

1. 在 Visual Foxpro 中，如果一个表达式包含数值运算、关系运算、逻辑运算和函数时，运算的优先次序是_____。

2. Visual Foxpro 中的变量分为两大类，它们是_____和_____。

3. 命令 S1='AB', 'CD', ?.NOT.(S1=S2) 的结果为_____。

4. 执行 ?DAY({^2014-12-15}) 命令后显示的结果是_____。

5. ?SUBSTR('计算机', 3, 2) 的结果是_____。

6. 写出表达式 YEAR(DATE()) 的值_____。

7. 请把下列不等式写成 Visual Foxpro 中的合法表达式：_____。

    $20 \leqslant X \leqslant 80$

8. Visual FoxPro 可以使用的常量类型有_____、_____、逻辑型常量、日期型常量、日期时间型常量和浮动型常量等。

9. 设一个数据表中有 10 条记录，当 EOF() 返回值为真时，当前记录号应为_____。

10. 表达式 "Visual FoxPro" $ "Visual" 的结果为_____。

三、上机操作

1. 上机运行以下命令记录相应结果。

```
?MAX(77,13,5)
?INT(134.5)
?STR(132.24,7,81)
?TYPE("DATE() ")
```

```
?VAL("547ABC")-110
```

2. 求下列表达式的值。

① AT("31","Hello")

② STR(-431.65)

③ (6+8*3)/2

④ DAY(CTOD('11/21/90'))>12

⑤ MONTH({^1991/11/22})-20

3. 已知 a=8、b=2、c=3、a1='AB'、b1=.T.，求下列各表达式的值。

```
a+3*c
a^2/6
int(a+b/c)>=5.and.b1
mod(a,b)=c.and. .not.b1
val(a1)>=2.or. .not.b1
```

➡ Visual FoxPro 数据库及其操作

Visual FoxPro 的数据库（Database）是一种关系型数据库（RDBMS），是 Visual FoxPro 数据库管理系统的数据中心或数据仓库，数据库包括表（Table）、视图（View）、"触发器"、"存储过程"等内容。可以把若干个关系比较固定的表集中起来放在一个数据库中管理，在表间建立关系，设置属性和数据有效性规则使相关联的表协同工作。

知识目标：

- 了解有关数据库的基本概念，学会建立数据库；
- 掌握数据库的各种操作命令；
- 掌握数据库表的创建；
- 掌握维护数据库和表的各种方法。

4.1   Visual FoxPro 数据库及其建立

1. 基本概念

在 Visual FoxPro 中数据库可以说是一个逻辑上的概念和手段，它通过一组系统文件将相互关联的数据库表及其相的数据库对象统一进行组织和管理。

在建立数据库时，数据库的扩展名为.dbc，与之相关的还会自动建立一个扩展名为.dct 的数据库备注文件和一个扩展名为.dcx 的数据库索引文件。即数据库建立成功后用户可以在磁盘上看到文件名相同但扩展名分别为.dbc、.dct、.dcx 的 3 个文件。

在 Visual FoxPro 中把.dbf 数据库文件称作数据库表，简称表。

2. 建立数据库

常用的建立的数据库有 3 种，一是在项目管理器中建立数据库，二是用菜单方式创建数据库，三是用命令交互建立数据库。

（1）在项目管理器中建立数据库

在项目管理器中建立数据库的界面如图 4-1 所示，首先选择数据库，然后单击"新建"按钮建立数据库，在出现的界面提示中输入数据库的名称，如输入"学生"并单击"保存"按钮。

（2）用菜单方式建立数据库

单击"文件"→"新建"命令，弹出如图 4-2 所示的对话框，首先在"文件类型"中选择"数据库"，然后单击"新建文件"按钮建立数据库。

此种方法可以创建一个不属于哪个项目文件的独立的数据库。如果需要的话，可以在项目管理器中将本项目以外的数据库添加到本项目文件中，从而使数据库属于本项目。

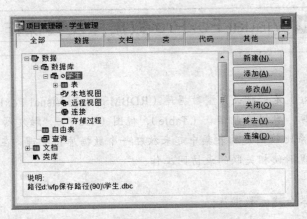

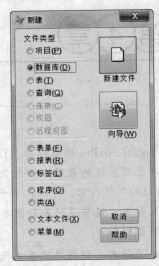

图 4-1　在项目管理器中建立数据库　　　　　图 4-2　"新建"对话框

（3）用命令交互建立数据库

格式：

CREATE DATABASE [<数据库文件名>|?]

说明：

如果不指定数据库的名称或使用问号都会弹出对话框请用户输入数据库的名称。若省略扩展名，则默认为.dbc。

例如，创建名为"学生"的数据库：

create database 学生　　&&建立名为"学生"的数据库

刚建立的数据库只是定义了一个空数据库，里面没有数据也不能输入数据，还需要建立数据库表和其他数据库对象，然后才能输入数据和实施其他数据库操作。

3．使用数据库

常用的打开数据库的方式有3种。

（1）用菜单方式打开数据库

单击"文件"→"打开"命令，弹出"打开"对话框，在对话框中确定文件类型为"数据库（ *.dbc ）"，如图 4-3 所示。

注意：在"打开"对话框中，如果选中"独占打开"复选框，表示以独占方式打开数据库，即不允许其他用户同时使用该数据库；如果选中"以只读方式打开"复选框，表示不允许对数据库进行修改。系统默认设置为"独占打开"。

（2）用项目管理器打开数据库

单击"文件"→"打开"命令或单击常用工具栏上的"打开"按钮，弹出"打开"的对话框，选择已经建立的项目文件并单击"确定"按钮，在打开的"项目管理器"窗口中选中已经建立的数据库文件名，最后单击"修改"按钮，即打开数据库设计器。

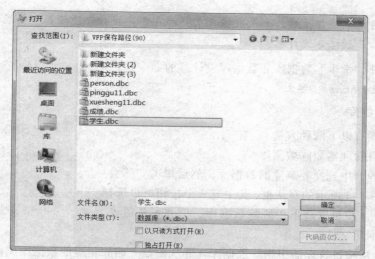

图 4-3 "打开"对话框

（3）用命令方式打开数据库

格式：

OPEN DATABASE [<数据库文件名> | ?] [EXCLUSIVE][SHARED][NOUPDATE]

说明：

① EXCLUSIVE 表示以独占的方式打开。

② SHARE 表达以共享的方式打开。

③ NOUPDAE 表示以只读的方式打开。

例如，打开"学生"数据库的命令是：

OPEN DATABASE 学生

4. 修改数据库

在 Visual FoxPro 中修改数据库实际是打开数据库设计器，可以在数据库设计器中完成各种数据库对象的建立、修改和删除等操作。数据库设计器是交互修改数据库对象的界面和向导，其中将显示数据库中包含的全部表、视图和联系。可用以下 3 种方法打开数据库设计器：

（1）用菜单方式打开数据库设计器

单击"文件"→"打开"命令、弹出"打开"对话框，选择数据库名，单击"确定"按钮即可打开数据库设计器。

（2）从项目管理器中打开数据库设计器

在项目管理器中选择"数据"选项卡，首先展开数据库分支，接着选择要修改的数据库，最后单击"修改"按钮打开相应的数据库及数据库设计器。

（3）用命令方式打开数据库设计器

格式：

MODIFY DATABASE 数据库名 [NOWAIT][NOEDIT]

说明：

NOWAIT：该参数只在程序中使用（在交互使用的命令窗口中无效）。

NOEDIT：使用该参数只是打开数据库，而禁止对数据库进行修改。

注意：使用该命令打开时，如果数据库已经存在则直接打开设计器，如果数据库不存在则创建的同时打开数据库设计器。

例如，打开"学生"数据库和数据库设计器的命令是：

```
Modify  database  学生
```

5. 删除数据库

删除数据库有以下两种方法：

（1）用项目管理器删除数据库

在项目管理器中选择要删除的数据库，然后单击"移去"按钮，弹出如图 4-4 所示的对话框，其中有 3 个按钮可供选择。

图 4-4　删除数据库提示框

① 移去：从项目管理器中删除数据库，但并不从磁盘上删除相应的数据库文件。

② 删除：从项目管理器中删除数据库，并从磁盘上删除相应的数据库文件。

③ 取消：取消当前的操作，即不进行删除数据库的操作。

（2）用命令方式删除数据库

格式：

DELETED ATABASE [盘符文件夹路径] [<数据库文件名> | ?] [DELETETABLES][RECYCLE]

说明：

如果使用"？"代替数据库文件名，将显示"打开"对话框，用户可以选择要删除的数据库文件。

DELETEDATABASES：删除数据库文件的同时从磁盘上删除该数据库所含的表文件等。

RECYCLE：将删除的数据库文件和表文件等放入 Windows 的回收站中。

例如，将"学生"数据库删除的命令是：

```
Delete database 学生
```

注意：所删除的数据库必须是关闭的，被删除的数据库的表将成为自由表。可以使用 close database 命令将当前数据库关闭。

6. 关闭数据库

关闭数据库可以采用以下两种方法：

（1）单击数据库设计器右上角的"关闭"按钮或者关闭数据库窗口。

（2）使用命令方式关闭数据库

格式：

```
CLOSE [ALL|DATABASE ]
```

说明：

其中 ALL 用于关闭所有打开的数据库及数据库中的表、自由表、索引等。

例如，用命令创建名为"student2015"的数据库文件，然后将其打开并启动数据库设计器，最后再关闭。

在命令窗口输入并执行下列命令即可：

```
CREATE  DATABASE  student2015            &&创建数据库
OPEN  DATABASE  student2015              &&打开数据库
```

```
MODIFY  DATABASE          &&打开数据库设计器
CLOSE  DATABASES          &&关闭数据库
```

4.2　创建数据库表

数据库在真正地含有表之前没有任何用途，下面将介绍表的建立及其相关的操作。

1. 在数据库中建立表

在 Visual FoxPro 中，一个数据库可以包含多个表文件，表可分为自由表和数据库表两种类型。自由表是为了与以前的版本兼容，自由表作为一个文件单独存放，不属于任何数据库，数据库表是包含在数据库中的表，数据库表增加了数据有效性规则定义等内容。数据库表和自由表的扩展名均为.dbf。表文件是按关系型结构来组织数据，创建表文件主要应用"表设计器"。

（1）使用"表设计器"创建表

① 在数据库设计器中打开表设计器对话框创建表。在"数据库设计器"的浮动工具栏中单击"新建表"按钮，如图 4-5 所示，即可打开"新建表"对话框，如图 4-6 所示，再单击"新建表"按钮，即可打开"创建"对话框，如图 4-7 所示。

图 4-5　单击"新建表"按钮

图 4-6　"新建表"对话框

图 4-7　"创建"对话框

② 在数据库设计器中打开快捷菜单创建表。在"数据库设计器"空白处右击，弹出快捷菜单，如图 4-8 所示。

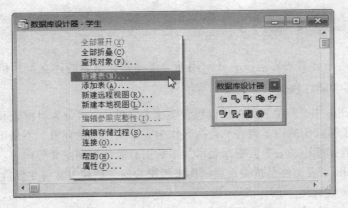

图 4-8 数据库设计器中的快捷菜单

再单击快捷菜单中的"新建表"命令，弹出"新建表"对话框，即可依次打开"创建"对话框和"表设计器"对话框。

在"创建"对话框中输入表文件名之后，单击"保存"按钮，即可打开"表设计器"对话框，如图 4-9 所示。

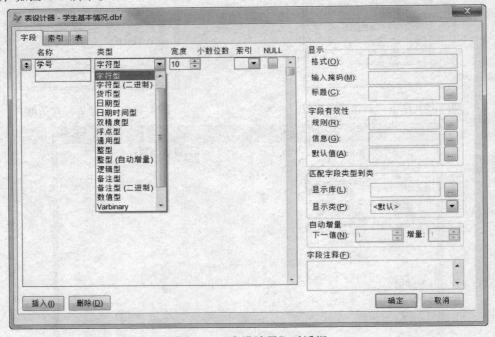

图 4-9 "表设计器"对话框

（2）创建表的结构

① 在"字段"选项卡中设置表的字段。"字段"选项卡包括 6 个子项：名称、类型、宽度、小数位数、索引和 NULL。

a. 名称。即关系的属性名或表的列名。一个表由若干列（字段）构成，每个列都必须有一个唯一的名字，这个名字就是字段名。字段名必须以汉字、字母和下画线开头，由汉字、字母、数字和下画线组成，数据库表支持长字段名，字段名最多为 128 个字符；自由表不支持长字段名，字段名最多为 10 个字符。当数据库表转化为自由表时截去超长部分的字符。字段名不能使用系统的保留字。

    b. 类型。表示该字段中存放数据的类型。一个字段即二维表中的一列，其中的数据应具有共同的属性。若存储的字符超过 254，为节省存储空间可定义为备注型。若要保存图片或 OLE 对象，可定义为通用型。备注型和通用型字段的信息都没有直接存放在表文件中，而是存放在一个与表文件同名的.FPT 文件中。

    c. 宽度。表示该字段所允许存放数据的最大宽度。字段宽度由数据的最大宽度决定，过大浪费存储空间，过小数据溢出。

    d. 小数位数。用于设置数值型、整型、双精度型字段值的小数位数。

字段类型和宽度、小数位数设置参考如表 4-1 所示。

表 4-1 主要字段类型和宽度、小数位数定义参考

类 型	宽 度	小 数 位 数	用 途
字符型	0~254	无	存储字符序列
货币型	8	4	存储货币值
数值型	0~20	0~7	存储各种数值（整数）
浮点型	0~20	0~7	存储整数和带小数位的数
日期型	8	无	存储年、月、日
日期时间型	8	无	用于表示日期和时间
双精度型	8	0~7	存储整数和带超长小数位的数
整型	4	无	表示整数
逻辑型	1	无	表示逻辑值真和假
备注型	4	无	表示文字内容较多的文本
通用型	4	无	标记 OLE
二进制字符型	0~254	无	存储二进制数据
二进制备注型	固定 4	无	存储超长二进制数据

    e. NULL。用于选择记录是否允许为空值，该值是一个逻辑值。空值就是缺值或不确定的值，不能把它理解为任何意义的数据。双击字段名与"NULL"交叉处的空白按钮，即出现 √，表示设置了该项字段允许 NULL 值。

    f. 索引。是指对表中的有关记录按照指定的索引关键字表达式的值进行升序或降序的排列，并生成一个相应的索引文件。用于设置索引之后，选择记录逻辑排序的方式。

例如，"学生信息"的数据表的结构如表 4-2 所示。

表 4-2 表文件"学生信息"的结构信息

字段名	学号	姓名	性别	出生日期	籍贯	简历	相片	电话
类型	字符型	字符型	字符型	日期型	字符型	备注型	通用型	字符型
宽度	8	8	2	8	20	4	4	14

結果如图 4-10 所示。

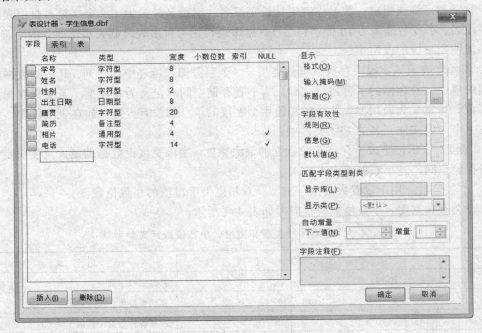

图 4-10　表文件"学生信息"的结构

② 设置字段的格式、掩码和标题，如图 4-11 所示。

a. 格式。设置某个字段的格式，就是要求按照格式来输入数据，并按照格式来显示数据。常用格式符的功能用途如表 4-3 所示。

图 4-11　"表设计器"上面的"显示"页框

表 4-3　常用格式符的功能用途

格 式 符	功 能 用 途
A	只能输入英文字母
L	只能输入逻辑值 T 和 F
N	只能输入英文字母和阿拉伯数字
X	允许输入任意字符
Y	只允许输入英文字母 Y、y、N、n，能自动将小写转换为大写
9	只能输入阿拉伯数字
#	只能输入数字、空白、正负号、英文句点
!	允许输入任意字符，自动将英文小写字母转换为大写
$	将数值数据以货币形式显示，数字前面加$。该字符只能用在数值字段
$$	功能用途与$基本相同。$符号紧靠数目字。
*	在数值之前显示数个星号，可防止数字被篡改
.	指定小数点的位置
,	用于设置数字的 3 位分节。通常表示金额

说明：格式符能对字段进行"全局"格式化，一旦设置了格式符，该字段值的内容均要按格式要求来输入。

b. 输入掩码。掩码的功能是与格式符相搭配，对字段值进行一对一的格式化。

c. 标题。用于设置字段的标题名称。标题可在浏览时显示出来，标题与字段名称可以不一致，若两者相同则不必设置标题。因此，标题可用于显示数据项的名称。实际上，可以将字段名称设为英文，将标题设为中文。例如，如果设置表示学生姓名的字段名为"Name"，同时要求在显示时显示中文"姓名"，则可设置该字段的标题为"姓名"。

实际上，用英文设置字段名称有利于命令方式对表文件进行操作，亦可方便程序设计时的代码编写，而设置中文标题又能在浏览时按中文显示表的内容，可谓"一举两得"。

【例1】对"学生信息"表结构进行格式化设置，设置字段的格式、掩码和标题。具体要求如表4-4所示。

表4-4　表"学生信息"结构的格式符与掩码

字 段 名	学 号	姓 名	性 别	电 话
类型	字符型	字符型	字符型	字符型
宽度	8	8	2	14
格式	任意	任意	任意	区号-电话号
格式符	X	X	X	9
掩码				9999-999999999

在表设计器中设置完成后如图4-12所示。

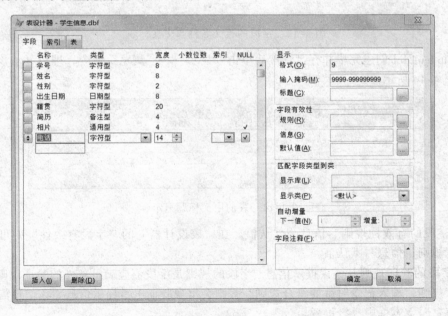

图4-12　"电话"字段的格式与掩码

【例2】在数据库中创建表文件Student.dbf，在Student.dbf中设置不同的标题与字段名称。其中各个字段名称、类型、宽度的要求如表4-5所示。

表 4-5　表 Student.dbf 的结构

字段名	sNumber	sName	sSex	sAge	sDate	sPlace	sTelephone
中文标题	学号	姓名	性别	年龄	出生日期	籍贯	电话
类型	字符	字符	字符	数值	日期	字符	字符
宽度	8	8	2	2	8	20	14

结果如图 4-13 所示。

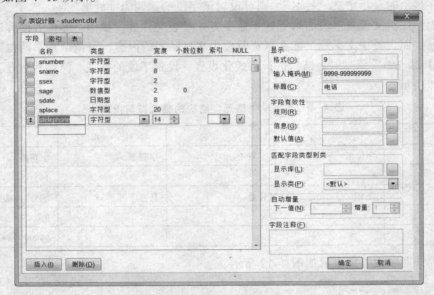

图 4-13　字段的英文名称与中文标题

表 student.dbf 创建完毕并存盘，然后单击"显示"→"浏览"命令，即可显示该表的标题，如图 4-14 所示。

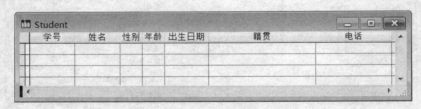

图 4-14　表的中文标题显示

③ 字段的有效性规则、信息与默认值。在"表设计器"的"字段有效性"中可以设置字段验证规则、信息与默认值。

a. 字段的验证规则与错误提示信息。字段的规则是字段值应满足条件的验证规则，一旦设置了该规则，输入记录时就要符合规则，否则会出现验证出错提示信息。该信息需要人为地在"信息"文本框中进行设置。

b. 字段的默认值。"字段的默认值"是添加记录时，在该字段自动添加的默认值，所设置默认值的类型必须与字段的数据类型相同。

【例 3】设置表 student 表中的年龄 sage 的验证规则及出错提示信息，如表 4-6 所示。

表 4-6　表"student"中的年龄的验证规则及出错提示信息

字段	验证规则	验证出错提示信息
sage	sage<23	"年龄应小于 23 岁"

在表设计器中的"字段有效性"中可以设置字段验证规则、信息与默认值，如图 4-15 所示。

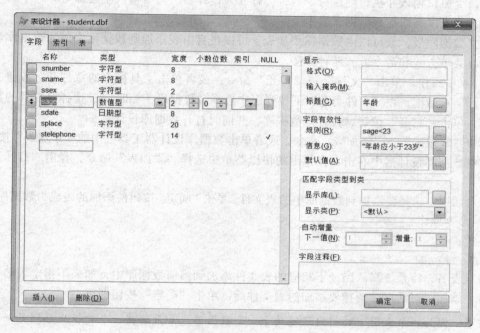

图 4-15　字段有效性设置

当例 3 中输入的年龄不满足验证规则时，系统将弹出如图 4-16 所示的对话框。此时，单击"还原"按钮，即可回到正常输入状态，重新输入符合规则要求的数值。

2. 自由表

自由表是独立的表文件，不属于哪个数据库文件。创建自由表时，只能设置表的字段，而不能对字段的格式、掩码、标题、有效性规则、默认值以及 NULL 值进行设置。

（1）自由表的创建

① 菜单操作。单击"文件"→"新建"命令或直接单击"常用"工具栏上的"新建"按钮，弹出"新建"对话框，选择"表"单选按钮，如图 4-17 所示。

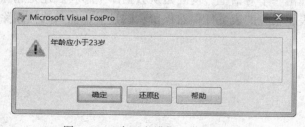

图 4-16　验证出错提示信息

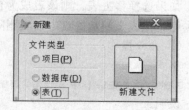

图 4-17　"新建"对话框

然后单击"新建文件"按钮，即打开"创建"对话框，输入表文件名，然后单击"保存"按钮即打开表设计器。此时的表设计器右面部分是失效的。

② 命令操作

格式：

CREATE 表文件名

在命令窗口输入并执行创建命令后，会打开表设计器。然后输入字段即可。

（2）将自由表添加到数据库表中

建立数据库后，就可以向数据库添加表，可以将自由表添加到数据库中成为数据库表。添加表有菜单方式和命令方式两种方法。

① 菜单操作。单击"文件"→"打开"命令，或者单击工具栏中的"打开"按钮，弹出"打开"对话框，在"文件类型"下拉列表中选择"数据库（*.dbc）"，选择要打开的数据库文件，单击"打开"按钮，打开该数据库，并同时打开数据库设计器。

单击"数据库"→"添加表"命令，或者单击数据库设计器工具栏中的"添加表"按钮，还可以在数据库设计器中右击，在弹出的快捷菜单中选择"添加表"命令，弹出"打开"对话框。

在对话框中选择要添加到数据库中的表文件，单击"确定"按钮使添加的表成为数据库表。

② 命令操作。

格式：

ADD TABLE[<表文件名>]

指定表名，将系统默认路径下相应的表文件添加到当前数据库中，如果不指定表名，则会弹出"添加"对话框，选择要添加的表文件后，单击"确定"按钮即可。

注意：因为一个表同一时间内只能属于一个数据库，如果想将一个数据库移到另一个数据库中，应先将该表从原数据库中移去成为自由表，再添加到新的数据库中。

（3）从数据库中移去表

如果数据库中不再需要某个表时，则可以将其从数据库中移去，使其成为自由表，也可直接将表从磁盘中彻底删除。移去表主要有菜单方式和命令方式两种方法。

① 菜单操作单击"文件"→"打开"命令，或者单击工具栏中的"打开"按钮，弹出"打开"对话框，在"文件类型"下拉列表中选择"数据库（*.dbc）"，选择要打开的数据库文件，单击"打开"按钮，打开数据库设计器。

在数据库设计器中选中要移去或删除的表，单击"数据库"→"移去"命令，或者单击数据库设计器工具栏中的"移去表"按钮，还可以右击要移除或删除的表，在弹出的快捷菜单中选择"删除"命令，以上操作都会弹出一个对话框，询问是从数据库中移去表还是删除表。如果选择移去表，则该表成为自由表，相应的表文件仍然保留在磁盘中；如果选择删除表，则将该表文件从磁盘中彻底删除。

② 命令操作。

格式：

REMOVE TABLE[<表文件名>][DELETE]

说明：

<表文件名>：指定表名，将当前数据库中相应的表文件移去或删除，如果不指定表名，

则会弹出"移去"对话框，在对话框中可以选择要移去的表文件。

DELETE：如果添加该参数，则表示从磁盘上彻底删除表文件，如果没有该参数，则表示从数据表中移去该有，使其成为自由表。

另外也可以用 DROP TABLE 命令来彻底删除表文件，其格式如下：

```
DROP  TABLE[<表文件名>]
```

3. 打开、关闭表

创建表文件的结构之后，需要一系列后续操作：修改表的结构、输入或修改数据、对表的记录进行排序、创建表的索引。这些操作之前都要打开表文件，对表的操作结束之后，就要关闭表文件。

（1）打开表文件

① 在项目文件中打开表文件

先打开项目文件（如学生管理.pjx），再依次展开"数据"→"数据库"→"表"，单击需要打开的表文件，如图 4-18 所示。

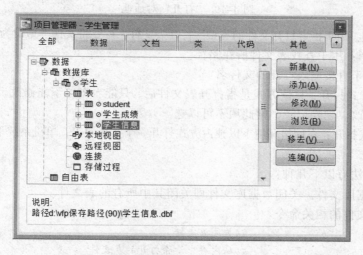

图 4-18　在项目管理器中选择表文件

然后单击"浏览"按钮，即可打开该表文件并以浏览方式显示记录（对于新创建的表，记录是空的）；此时若单击"修改"按钮，即可打开表设计器，对表的结构信息进行修改。

② 以命令方式打开表文件。

打开表文件的命令有：

```
SET DEFAULT TO 盘符\路径            &&用于设置文件查找路径
USE 表文件名 [SHARED] [NOUPDATE]    &&打开表文件
```

说明：

[SHARED]：以只读方式打开。

[NOUPDATE]：打开后不可进行更新操作。

③ 打开自由表。单击"文件"→"打开（O）"命令或直接点击"常用"工具栏上的"打开"按钮，弹出"打开"对话框，如图 4-19 所示。

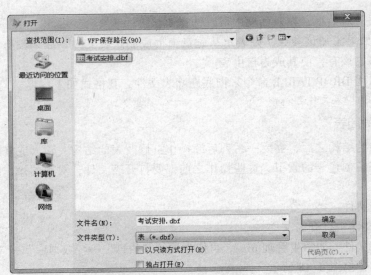

图 4-19 "打开"对话框

a. 文件类型：用于指定打开文件的类型。打开表文件，需要将文件类型设为"表（*.dbf）"。

b. 查找范围：用于查找表文件所在路径。

文件名：用于直接输入打开的文件名。

c. 以只读方式打开：只读方式是指打开表文件后，只能看浏览不能修改。若想修改表结构或是添加、修改、删除记录，则此项不可以选。

d. 独占方式打开：在网络环境下以独占方式打开一个共享的表，单机系统下此项不选。

（2）关闭表

关闭表的方法有以下几种：

① 关闭数据库文件。关闭数据库文件即关闭其中所有的表文件。

② 关闭表文件的相关命令。

```
USE                      &&关闭表文件
CLOSE TABLES             &&从内存中清除打开的表文件
CLOSE ALL                &&从内存中清除打开的所有文件
```

4. 修改数据表的结构

对于已经创建的表文件，可根据需要修改表的结构信息进行修改。

（1）命令方式

格式：MODIFY STRUCTURE

功能：将当前已打开的表文件的表设计器打开并进行修改。

说明：要修改表结构必须要先打开需要修改结构的表文件。如果当前工作区中没有已打开的数据库，执行此命令时系统会弹出"打开"对话框，以便用户选择需要修改表结构的文件名及路径等信息，用户选择完成后，系统将弹出表设计器对话框。

主要有增加、修改、删除和移动几种操作。

① 增加字段：将光标移至需插入位置上的字段上，单击"插入"按钮或按快捷键【Alt+I】，在该位置上出现一个新字段，原位置以下的各字段均下移一行。确定增加字段的字段名、字段类型、字段宽度等参数，单击"确定"按钮即可。

② 修改字段：将光标定位在需要修改处，编辑修改，完成后单击"确定"按钮即可。

③ 删除字段：将光标移至需删除的字段上，单击"删除"按钮或按快捷键【Alt+D】，在该位置上的字段被删除，原位置以下各字段均上移一行。单击"确定"按钮即可。

④ 移动字段：将光标移至需移动位置的字段上，拖动字段名前的🔁按钮，出现一个虚框，当虚框出现在目标位置上时松开鼠标，移动完成，单击"确定"按钮即可。

表结构的变化要影响表记录数据，无论是何种修改，单击"确定"按钮后，都要出现对话框由用户确认修改是否有效。

如果修改表结构完成后出现了数据丢失现象，或者对其不满意，可利用备份文件将表恢复到修改前的状态，方法是先将新的表文件删除掉，再将备份文件的扩展名.BAK 改为表文件扩展名.DBF，将备注备份文件扩展名.TBK 改为备注文件的扩展名.FPT。

（2）利用数据库设计器

在数据库设计器中选中需要修改的表文件，再单击"数据库"→"修改"命令，具体的修改方法与命令方式相同。

（3）利用项目管理器

在项目管理器中选中需要修改的表文件，再单击"项目"→"修改"命令或单击项目管理器中的"修改"按钮。

表结构修改完毕，注意单击表设计器上面的"确定"按钮，此时会显示一个警告提示对话框，如图 4-20 所示。

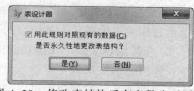

图 4-20　修改表结构后存盘警告对话框

4.3　表的基本操作

表一旦建立起来，自然需要以它进行添加、删除、修改等相应的操作。

1. 使用浏览器操作表

使用 Browse 浏览器可以很方便地对表中的数据进行操作，打开浏览器的方法有多种，常用的方法有：

① 在项目管理器中将数据库展开至表，并选择要操作的表，然后单击"浏览"按钮。

② 在数据库设计器中选择要操作的表，然后单击"数据库"→"浏览"命令；或者右击要操作的表，然后从快捷菜单中选择"浏览"命令。

③ 在命令方式下，首先用 USE 命令打开要操作的表，然后输入 BROWSE 命令。

以上各种方式打开的 BROWSE 浏览器的界面如图 4-21 所示，在该界面中可以浏览、添加、删除和修改记录等。

2. 增加记录

（1）菜单方式

① 添加一条空记录。

a. 单击"文件"→"打开"命令或单击"常用"工具栏中的"打开"按钮，在打开的对话框中选择要打开的表。

b. 单击"显示"→"浏览"命令，打开浏览窗口。

学号	姓名	性别	出生日期	籍贯	简历	相片	电话
20151001	刘天瑜	女	09/19/91	黑龙江省牡丹江市	Memo	Gen	0453-8659***
20151002	罗建辉	男	07/06/91	吉林省长春市	Memo	Gen	0431-6532****
20151003	陆晨	男	02/18/91	山西省大同市	Memo	Gen	0352-6207****
20151004	陈天磊	男	01/11/91	河南省洛阳市	Memo	gen	0379-6589***
20151005	丁诗文	女	06/26/90	新疆乌鲁木齐市	Memo	Gen	0991-7806***
20151006	田舒雅	女	05/16/90	辽宁省沈阳市	Memo	gen	024--352****
20151007	江远航	男	09/22/90	内蒙古自治区包头市	Memo	Gen	0472-6135****
20151008	方心琪	女	12/07/91	天津市	Memo	Gen	022--678****
20151009	王凤华	男	05/25/90	黑龙江省牡丹江市	Memo	Gen	0453-6433***
20151010	陈丽	女	10/21/91	河北省唐山市	Memo	gen	0315-2638***

图 4-21 浏览窗口

c. 单击"表"→"追加新记录"命令，使浏览窗口的记录指针定位到最后一条记录的下一行，然后输入新增记录各字段的字段值。

② 添加若干条记录。打开表的浏览窗口后，单击"显示"→"追加新记录"命令，使记录指针指向表中最后一条记录的下一行，然后在表尾添加若干条记录。

③ 将其他表中的记录添加到当前表。打开表浏览窗口后，单击"表"→"追加记录"命令，弹出"追加来源"对话框，如图 4-22 所示。

在"类型"下拉列表中可以选择要添加到当前表的记录所在文件的文件类型，在"来源于"文本框中可以直接输入来源文件的路径和名称，也可单击其后的■按钮，在弹出的"打开"对话框中选择来源文件的路径和名称。

如果需要从来源文件中选择满足条件的记录或指定字段，可先选择来源文件，然后在"追加来源"对话框中单击"选项"按钮，打开如图 4-23 所示的"追加来源选项"对话框。单击"字段"按钮，打开"字段选择器"对话框，从中可以选择要添加的字段名。也可以单击For 按钮，打开"表达式生成器"对话框，从中设置要满足的条件。

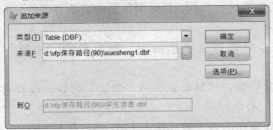

图 4-22　"追加来源"对话框

图 4-23　"追加来源选项"对话框

（2）命令方式

先打开要添加记录的表，然后在命令窗口内输入相应的命令。

① 添加一条空记录。添加一条空记录的命令格式为 APPEND BLANK。

② 添加若干条记录。添加若干条记录的命令格式为 APPEND。

③ 在表的任意位置插入记录的命令格式为 insert[before][blank]。

如果要在当前选中的记录之前插入一条新记录，就在 insert 后加上 before，否则就会在当前记录之后插入新记录。

blank 在指定的记录之前或之后插入一条空白记录。

注意：如果表是建立了主索引或候选索引，则不能用以上的 APPEND 或 INSERT 命令插入记录，而必须用 SQL 的命令语句，使用命令操作之前，必须要先打开要操作的表。

3. 删除记录

（1）逻辑删除记录命令 DELETE

格式：

DELETE [Scope] [FOR 条件表达式1]

功能：

逻辑删除表中的记录即对记录打上删除标记。如果设有设置"SET DELETE ON"语句，Visual FoxPro 的数据操作会忽略所有带删除标记的记录。

例如，对表文件"学生信息".dbf 的年龄为 20 周岁的记录进行逻辑删除，命令操作如下：

USE 学生信息

DELETE ALL FOR 年龄=20

BROW

逻辑删除后，再进行浏览显示，会看到相关记录的前面加上了一个黑框。若使用 LIST 或 DISPLAY 命令显示记录，会看到记录前面加上了"*"号。

（2）恢复逻辑删除记录命令 RECALL

格式：

RECALL [Scope] [FOR 条件表达式1]

功能：恢复逻辑删除，即将删除标记除去。

例如，对刚才逻辑删除表文件"学生信息"的年龄为 20 周岁的记录进行恢复操作，命令操作如下：

USE 学生信息

RECALL ALL

BROW

恢复后，删除标记已经去掉。

（3）物理删除记录命令 PACK 和 ZAP

物理删除就是真实地删除表中记录，即彻底删除。

PACK 只删除前面有黑块的记录行，并且不可能再恢复。

ZAP 命令能够将表的全部记录一次性物理删除（不管是否有删除标记）。在命令窗口输入并执行该命令即可。该命令只是删除全部记录，并没有删除表，执行完该命令后表结构依然存在。由于删除记录后不能直接恢复，因此在打开表文件后，慎用该命令。

4. 修改记录

表文件的记录输入之后，可以对单个记录进行修改。

（1）单个记录的修改

对单个记录修改，可打开浏览窗口或使用 BROWSE、EDIT、CHANGE 命令，在打开的编辑窗口对记录进行修改。

例如，修改"学生信息"表中的第 5 号记录，在命令窗口输入如下命令：

USE 学生信息   &&打开表

```
GOTO 5                          &&定位 5 号记录
CHANGE                          &&修改命令，打开编辑记录的窗口
```

完成修改后，按【Ctrl+W】组合键存盘。

（2）记录的更新

格式：

```
REPLACE 字段名 1  WITH 表达式 1 [ADDITIVE]
   [，字段名 2 WITH 表达式 2 [ADDITIVE]] … [Scope]
   [FOR 条件表达式 1] [WHILE 条件表达式 2] [IN 工作区号 | 表的别名]
   [NOOPTIMIZE]
```

说明：

REPLACE：记录更新命令。

字段名 WITH 表达式：用"表达式"替换"字段名"。

ADDITIVE：将备注字段替代内容加到备注字段后面。仅对备注字段有效。

Scope：指定替换内容的记录范围。Scope 的子句有：ALL，NEXT n，RECORD n，REST。默认范围是当前记录。

FOR 条件表达式 1：指定对符合条件的记录进行更新。

WHILE 条件表达式 2：判断当前记录是否符合条件，条件为真（.T.）时更新。

IN 工作区号：指定需更新的表所在工作区。

NOOPTIMIZE：关闭 Rushmore 优化。

例如，更新"学生成绩.dbf"中学号为"20151005"的各科成绩，在命令窗口操作或应用程序文件操作，命令或代码如下：

```
USE 学生成绩
REPLACE FOR 学号=" 20151005";
操作系统 WITH 88,;
大学英语 WITH 90,;
软件工程 WITH 86,;
体育 WITH 99,;
数字电路 WITH 91
```

（3）记录的成批更新

应用 REPLACE 命令可对记录进行一次性的成批更新。更新时需指定操作的记录范围。

例如，更新"学生信息.dbf"中所有记录的年龄，将各年龄值加 1。命令操作如下：

```
USE 学生信息
REPLACE ALL 年龄 WITH 年龄+1
BROWSE
```

例如，修改"学生成绩.dbf"的结构，添加"平均成绩"字段。然后计算每个学生的各科平均成绩。命令操作如下：

```
USE 学生成绩
REPLACE ALL 平均成绩 WITH;
 (操作系统+大学英语+软件工程+数字电路+体育)/5
```

5. 显示记录

（1）浏览显示命令 BROWSE

格式：

BROWSE [FIELDS 字段名列表] [FONT 字体名 [,字体大小]] [STYLE 字型符]
[FOR 条件表达式1 [REST]] [FORMAT] [FREEZE 字段名]

功能：

BROWSE：浏览显示记录命令。

FIELDS 字段名列表：指定显示在浏览窗口中的字段。这些字段按字段名列表指定的顺序显示。字段列表可以包括其他相关表的字段。包括其他相关表字段时，应在字段名前面放一个句号及相关表的别名。

FONT 字体名 [,字体大小]：指定浏览窗口的字体及字体大小。

STYLE 字形符：指定浏览窗口的字形。常用的字形符包括 B—粗体；I—斜体；N—常规；O—轮廓线；Q—不透明；S—阴影；T—透明；U—下画线。

FOR 条件表达式1：指定一个条件，只有条件表达式为真的记录才显示于浏览窗口。包括 FOR 子句可使记录指针移向符合该条件的第一个记录。

REST：防止在 FOR 子句打开浏览窗口时，记录指针从当前位置移向文件顶部。

FORMAT：使用格式文件来控制浏览窗口显示和输入数据的格式。

FREEZE 字段名：允许在浏览窗口只修改一个字段，使用字段名指定该字段，其他字段可显示但不能编辑。

例如，显示表"学生信息.dbf"中的男生的"学号""姓名""性别""籍贯"等内容，要求显示字体为"楷体"、字号"12"，字形为"常规、粗体"；分两个区显示时，将右区设为"编辑"方式。

例如，在命令窗口输入下列命令或编辑为一个程序文件执行。

```
USE 学生信息
BROWSE FIELDS 学号,姓名,性别,籍贯;
FONT '楷体_GB2312',12;
STYLE 'NB';
FOR 性别='男' ;
REDIT
```

显示效果如图 4-24 所示。

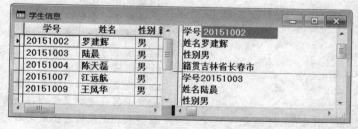

图 4-24　用 BROWSE 命令打开显示窗口

（2）显示记录命令 DISPLAY|LIST

格式：

DISPLAY | LiST [[FIELDS] 字段名列表] [Scope] [FOR 条件表达式 1] [WHILE 条件表达式 2][OFF] [NOCONSOLE] [NOOPTIMIZE] [TO PRINTER [PROMPT] | TO FILE 文本文件名 [ADDITIVE]]

功能：

DISPLAY：显示命令，在使用该命令时，若不指定范围，则默认显示当前记录（当前记录指针指向的记录），或指定显示范围为"ALL"，则显示内容充满 Visual Foxpro 主窗口即停止，按【Enter】后继续显示。

LiST：显示记录命令，该命令默认范围是"ALL"。执行命令后，可能出现前面记录的看不到的情况。

FIELDS 字段名列表：指定显示字段。这些字段按字段名列表指定的顺序显示。

Scope：指定要显示的记录范围。范围子句及功能如下：

① **ALL**：全部记录。如果使用 LIST 命令，该参数可省略。

② **RECORD n**：显示第 n 号记录。

③ **NEXT n**：显示当前记录及以后的 n 个记录。

④ **REST**：显示当前记录及后面的所有记录。

FOR 条件表达式 1：指定一个条件，只有条件表达式为真的记录才显示。包括 FOR 子句可使记录指针移向符合该条件的第一个记录。

OFF：不显示记录号。

NOCONSOLE：不向 Visual FoxPro 主窗口或用户自定义窗口输出。

NOOPTIMIZE：使 DISPLAY 的 Rushmore 优化失效。

TO PRINTER [PROMPT]：将显示结果定向输出到打印机。

TO FILE 文本文件名 [ADDITIVE]：将显示结果定向输出到文本文件，加上参数 ADDITIVE 可使命令所产生的文本添加到指定文件内容的后面。

注意：子句 FOR 和 WHILE 的功能相近但不完全相同。应用 FOR 子句，凡是符合条件的记录都能显示。应用 WHILE 子句时，判断当前记录是否符合条件，若条件为假则中止条件的过滤，停止命令执行；若条件为真则会显示当前记录，然后继续操作。

例如，用 LIST 命令或 DISPLAY 命令显示表"学生信息.dbf"的内容。在命令窗口输入并执行下列命令：

```
USE 学生信息              &&打开表
LIST                     &&显示全部记录
DISPLAY ALL              &&分屏显示全部记录
GOTO 5                   &&将记录指针移向 5 号记录
DISPLAY NEXT 3           &&显示 5 号至 7 号共 3 个记录
LIST RECORD 6            &&显示第 6 号记录
GO 4                     &&将记录指针移向 4 号记录
DISPLAY REST             &&显示第 4 号记录及以后所有的记录
LIST TO FILES student1.TXT  &&将表的记录信息生成文本文件
```

6. 查询定位

（1）记录号

为表文件添加记录时，系统会自动为记录加上编号，依次为 1 号、2 号…。显示表文件内容时记录号会显示出来。通常，将 1 号记录称为"首记录"，将最后一个记录称为"尾记录"。物理删除记录后，系统会对记录编号重新整理。打开表文件时，系统的记录指针指向首记录。

获取当前记录号可用函数 RECNO()，显示记录号的命令如下：

? RECNO()

例如，打开表文件"学生信息.dbf"，用 Display 命令显示所有记录，获取当前记录号。命令操作如下：

```
CLOSE ALL                          &&关闭打开的所有文件
CLEAR                              &&清屏
USE 学生信息                         &&打开表"学生信息"
? RECNO()                          &&显示当前记录号，结果为1
Display ALL  FIELDS 学号,姓名,性别    &&显示记录的内容
? RECNO()                          &&显示当前记录号，结果为11
```

（2）移动记录指针

① 记录指针的绝对移动。将记录指针定位于某一记录号，即指针的绝对移动命令如下：

GO|GOTO n

其中：n 表示某一记录号。

例如，打开表文件"学生信息.dbf"，将记录指针定位于 7 号记录。命令操作如下：

```
USE 学生信息
GO 7                               &&将记录指针定位于 10 号记录
? RECNO()                          &&显示当前记录号，结果为 7
```

在使用 GO 或 GOTO 命令定位记录指针时，若操作的记录号大于实际的最大记录号，系统会显示信息提示用户，如图 4-25 所示。

② 指针指向首记录与尾记录。直接将记录指针定位于首记录的命令是：

GO|GOTO TOP

图 4-25　操作已超过记录范围提示信息

而直接将记录指针定位于尾记录的命令是：

GO|GOTO BOTTOM

例如，在打开表文件"学生信息.dbf"以后，将记录依次指针定位于首记录和尾记录。命令操作如下：

```
GO TOP                             &&将记录指针定位于首记录
?RECNO()                           &&显示当前记录号，结果为1
GO BOTTOM                          &&将记录指针定位于尾记录
?RECNO()                           &&显示当前记录号，结果为10
```

③ 记录指针的相对移动。记录指针的相对移动是指从当前记录向前或向后移动记录指针。命令如下：

```
SKIP N
```

其中：N 为相对移动的记录数目。N 为正数表示向后移动，N 为负数表示向前移动。

例如，打开表文件"学生信息.dbf"，进行记录指针相对移动操作。命令操作如下：

```
USE 学生信息
GO 2                          &&将记录指针定位于 5 号记录
SKIP 5                        &&将记录指针向后移动 5 位
?RECNO()                      &&显示当前记录号，结果为 7
SKIP -3                       &&将记录指针向前移动 3 位
?RECNO()                      &&显示当前记录号，结果为 4
```

④ 文件头与文件尾。文件头是表文件的开始位置，文件尾是表文件的结束位置。将记录指针从首记录位置再向前移动 1 个位置即可定位于文件头；将记录指针从尾记录位置再向后移动 1 个位置即可定位于文件尾。

测试当前记录指针是否定位于文件头的函数为 BOF()，操作命令如下：

```
?BOF()
```

若该函数值为.T.（真），表示指针已定位于文件头。

测试当前记录指针是否定位于文件尾的函数为 EOF()，操作命令如下：

```
?EOF()
```

若该函数值为.T.（真），表示指针已定位于文件尾。

例如，在打开表文件"学生信息.dbf"后，将记录指针定位于文件头与文件尾。命令操作如下：

```
GO TOP                        &&将记录指针定位于首记录
SKIP -1                       &&将记录指针向后 1 个位置，定位于文件头
?BOF()                        &&测试指针是否在文件头，结果为真
GO BOTTOM                     &&将记录指针定位于尾记录
SKIP 1                        &&将记录指针向后移动 1 位，定位于文件尾
?EOF()                        &&测试指针是否在文件尾，结果为真
```

（3）记录的顺序查找

记录的顺序查找是指先找到指定的第一个记录（将记录指针定位于该记录），然后再找第二个、第三个…。

① 查找指定的第一个记录的命令。

格式：

```
LOCATE 范围 [FOR <条件>] [WHILE<条件>]
```

其中：范围是指操作的记录范围子句，FOR 与 WHILE 子句用于指定查找条件。

② 继续查找命令。

格式：

```
CONTINUE
```

例如，在打开表文件"学生信息.dbf"后，查找籍贯为"黑龙江"的学生，然后显示记录。显示的记录如图 4-26 所示。

```
LOCATE FOR 籍贯='黑龙江'                &&查找第一个符合条件的记录
```

```
DISPLAY                            &&显示当前记录
CONTINUE                           &&查找第二个符合条件的记录
DISPLAY                            &&显示当前记录
CONTINUE                           &&查找第三个符合条件的记录
DISPLAY                            &&显示当前记录
```

图 4-26 显示的记录

（4）记录的按条件过滤查找

记录的按条件过滤查找是指先用 SET FILTER TO 命令进行过滤，确定符合条件的记录，然后显示这些符合条件的记录。

命令：

```
SET FILTER TO <条件>
```

【例 4】在打开表文件"学生信息.dbf"后，通过过滤选择"陈"姓的记录，然后显示。命令操作如下：

```
SET FILTER TO 姓名="陈"          &&过滤选择"陈"姓的记录
BROWSE                            &&显示查找结果
```

显示的查找结果如图 4-27 所示。

图 4-27 过滤后记录的显示

4.4　表的排序

当创建一个表时，输入到表中的记录是按照输入顺序存储的。浏览表时，表中的记录则按照存储顺序输出，这种顺序称为物理顺序。如果需要按照某种特定顺序浏览或查询表中的记录，例如，要求按"入学成绩"从高到低显示学生表中的记录，则可将表中的记录按"入学成绩"降序重新排列，生成一个新表，这就是物理排序。

格式：

```
SORT TO <新表名> ON <排序关键字 1> [/A] [/D] [/C] [,<排序关键字 2> [/A] [/D] [/C]…]
[<范围>] [FOR <条件>] [FIELDS <字段名表>]
```

说明：

① <新表名>是存放排序结果的表文件。

② <排序关键字 1>、<排序关键字 2>等是排序所依据的字段，它们必须是可以比较大小的数据类型（如数值型、字符型、日期型、货币型等）；当使用 2 个或 2 个以上的排序关键字

进行多重排序时，先按照<关键字 1>排序，<关键字 1>相同的记录再按<关键字 2>排序，依次类推。

③ [/A]表示按升序排序（默认为升序）；[/D]表示按降序排序；[/C]表示排序时不区分大小写字母（默认区分大小写）。

④ 升序排序时，数字按从小到大排列，字母按词典顺序排列，汉字按拼音字母顺序排列；降序排序时则顺序相反。

⑤ FOR <条件>表示只有满足指定条件的记录才参加排序（默认所有记录参加排序）。

⑥ [FIELDS <字段名表>]表示排序生成的新表中只包含指定的字段（默认包含所有字段）。

例如，请将数据库表"学生成绩.dbf"按操作系统成绩降序排列，若操作系统成绩相同再按学号升序排列建立新表 CZXT.dbf。

命令操作如下：

```
use 学生成绩                          &&打开表
Sort to czxt ON 操作系统/d,学号      &&排序后产生一个新表czxt.dbf
Use czxt                             &&打开新表czxt.dbf
Browse                               &&在浏览窗口中显示新表的记录
```

命令执行后，结果如图 4-28 所示。

学号	姓名	操作系统	大学英语	软件工程	数字电路	体育	总分	平均分
20151004	陈天磊	99.0	91.0	85.0	87.0	96.0	458	91.6
20151003	陆晨	95.0	93.0	91.0	93.0	89.0	461	92.2
20151001	刘天瑜	90.0	88.0	91.0	88.0	93.0	450	90.0
20151002	罗建辉	87.0	85.0	79.0	75.0	90.0	416	83.2
20151007	江远航	85.0	95.0	91.0	83.0	96.0	450	90.0
20151009	王风华	83.0	78.0	80.0	99.0	83.0	423	84.6
20151005	丁诗文	82.0	92.0	80.0	96.0	83.0	433	86.6
20151006	田舒雅	82.0	81.0	90.0	71.0	87.0	411	82.2
20151010	陈丽	76.0	90.0	90.0	91.0	80.0	427	85.4
20151008	方心琪	75.0	75.0	89.0	90.0	92.0	421	84.2

图 4-28 排序后的记录

4.5 表的索引

若要按特定的顺序定位、查看或操作表中的记录，可以使用索引。根据应用程序的需求，Visual FoxPro 可以灵活地对同一个表创建和使用不同的索引，使人们可按不同顺序处理记录。

1. 索引的概念

Visual FoxPro 索引是由指针构成的文件，而且这些指针在逻辑上按照索引关键字的值进行排序。创建表的索引之后，系统会建立相应索引文件，索引文件记载着表文件中记录的逻辑顺序，当进行与索引有关的操作时，系统会通过索引文件对表文件记录快速定位。这种机制索引能够建立表文件记录的逻辑顺序，但不改变记录的物理顺序。

创建索引文件后，才能对单个表进行索引查询操作的前提；才能对数据库的多个表进行关联操作和建立表间的永久关系。对于用户来说，索引不但可以使数据记录重新组织时节省磁盘空间，而且可以提高表的查询速度。

索引文件的扩展名为.cdx，Visual FoxPro 支持的索引类型有主索引、候选索引、普通索引、唯一索引。任何一种索引均可以设置升序或降序。

（1）主索引

建立主索引的字段可以看作是主关键字，一个表只能有一个主关键字，所以一个表只能创建一个主索引。在指定字段或表达式中不允许出现重复值的索引，这样的索引可以起到主关键字的作用。主索引可以确保字段中输入值的唯一性，并决定了处理记录的顺序。

例如，如果以字段"学号"建立索引时表中已有学号"20100003"，当再输入另一个记录的学号也为"20100003"时，则会强调"不允许出现重复值"。

（2）候选索引

候选索引与主索引具有相同的特性，建立候选索引的字段可以看作是候选关键字，所以一个表可以建立多个候选索引。

候选索引像主索引一样要求字段值的唯一性并决定了处理记录的顺序。在数据库表和自由表中均可为每个表建立多个候选索引。

数据库表和自由表均可建立多个候选索引。

（3）唯一索引

唯一索引中"唯一性"是指索引项的唯一，而不是字段值的唯一。它以指定字段的首次出现值为基础，选定一组记录，并对记录进行排序。在一个表中可以建立多个唯一索引。

唯一索引是指在使用这种索引时，重复的索引字段值只有第 1 个列入索引项中。提供唯一索引主要是为了与早期版本兼容。

（4）普通索引

普通索引也可以决定记录的处理顺序，它不仅允许字段中出现重复值，并且索引项中也允许出现重复值。在一个表中可以建立多个普通索引。

每一个自由表和数据库表都可以建立多个普通索引。使用普通索引可以排序和查找记录，在这些记录中并不要求数据的唯一性。

2. 在表设计器中建立索引

（1）单项索引

使用表设计器建立索引的步骤如下：

① 单击"文件"→"打开"命令，选定要打开的表。

② 单击"显示"→"表设计器"命令，表的结构将显示在"表设计器"。

③ 在"表设计器"中有"字段""索引"和"表"3 个选项卡，在"字段"选项卡中定义字段时，就可以直接指定某些字段是否是索引项，单击定义索引的下拉列表可以看到有 3 个选项：无、升序和降序，如图 4-29 所示。

④ 如果要将索引定义为其他类型的索引，则需选择"索引"选项卡。在"索引名"框中输入索引名，从"类型"列表中选定索引类型。可以选择 4 种索引类型之一：主索引、候选索引、普通索引、唯一索引。

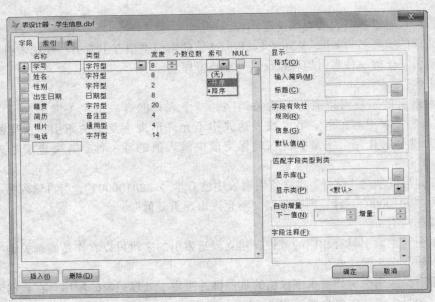

图 4-29　在"字段"选项卡中建立索引

⑤ 当索引设定完毕后，单击"确定"按钮，系统弹出提示框，询问"结构更改为永久性更改？"，如图 4-30 所示。单击"是"按钮，回到主窗口。

（2）复合字段索引

复合字段索引是指在多个字段上的索引。建立复合字段索引的操作步骤如下：

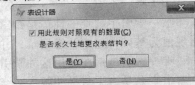

图 4-30　确认对话框

① 在"索引"选项卡中单击"插入"按钮，这时会在界面中出现一新行。

② 在"索引名"栏目中输入索引名，从"索引类型"下拉列表中选择索引类型。

③ 单击表达式右侧的灰色方块，打开如图 4-31 所示的"表达式生成器"对话框，在"表达式"中输入索引表达式。

图 4-31　"表达式生成器"对话框

④ 若想有选择地输出记录，可在"筛选"框中输入筛选表达式，或者单击该框后面的按钮来建立表达式。

⑤ 最后单击"确定"按钮。

虽然索引可以提高查询速度，但是维护索引也是要付出代价的。当对表进行插入、删除、修改等操作时，系统会自动维护索引，也就是说索引会降低插入、删除、修改等操作的速度。所以建立索引也有个策略问题，并不是索引可以提高查询速度，就在每个字段上都建立一个索引。

3. 在命令窗口中建立索引

格式：

INDEX ON 字段 TAG 索引标识| TO 单值索引文件名 [OF 非结构复合索引文件名] [FOR 过滤条件][ASCENDING | DESCENDING] [UNIQUE | CANDIDATE] [ADDITIVE]

说明：

INDEX：创建命令。

字段：用于创建索引的字段，如"学号"。

TAG 索引标识：指出复合索引文件的索引标识。

TO 单值索引文件名：指定产生单值索引文件。

OF 非结构复合索引文件名：指定产生独立复合索引文件。

FOR 过滤条件：索引符合条件的记录。符合条件的记录才能显示或被访问。

ASCENDING：索引的逻辑顺序为升序。

DESCENDING：索引的逻辑顺序为降序。

UNIQUE：唯一索引，即不显示重复值。

CANDIDATE：指定创建候选索引标识。

ADDITIVE：指定在先前已经打开的所有索引文件保持打开状态，否则会关闭。

例如，对学生信息表按出生日期降序建立结构复合索引文件，在命令窗口输入如下命令：

```
Use 学生信息                          &&打开学生信息表
Index on   出生日期 desc tag 出生日期     &&按出生日期降序建立索引
Browse                              &&在浏览窗口显示
```

命令执行后，可以在浏览窗口看到索引的结果，如图 4-32 所示。

学号	姓名	性别	出生日期	籍贯	简历	相片	电话
20151008	万心琪	女	12/07/91	天津市	Memo	gen	022-678****
20151010	陈丽	女	10/21/91	河北省唐山市	Memo	gen	0315-2638***
20151001	刘天瑜	女	09/19/91	黑龙江省牡丹江市	Memo	Gen	0453-8659***
20151002	罗建辉	男	07/06/91	吉林省长春市	Memo	Gen	0431-6532****
20151003	陆晨	男	02/18/91	山西省大同市	Memo	gen	0352-6207****
20151004	陈天磊	男	01/11/91	河南省洛阳市	Memo	gen	0379-6589****
20151007	江远航	男	09/22/90	内蒙古自治区包头市	Memo	gen	0472-6135****
20151005	丁诗文	女	06/26/90	新疆乌鲁木齐市	Memo	gen	0991-7806****
20151009	王风华	男	05/25/90	黑龙江省牡丹江市	Memo	gen	0453-6433***
20151006	田舒雅	女	05/16/90	辽宁省沈阳市	Memo	gen	024--352****

图 4-32　索引的结果显示

4. 打开索引和关闭索引

（1）打开索引

① 结构复合索引文件：与表文件同名的结构复合索引文件能够伴随表文件打开的同时

而自动打开，如果该结构复合索引文件中包含多个索引标识，只需用下面的命令打开其中的一个即可：

SET ORDE TO TAG 索引标识名

打开索引标识后，索引生效。

② 独立复合索引文件：与表文件不同名的独立复合索引文件不能自动被打开，需要用下列命令打开索引文件，同时打开某一索引标识。

SET INDEX TO 独立复合索引文件名 ORDE 索引标识

③ 单值索引文件：单值索引文件中仅记载一个索引，打开该文件需用以下命令：

SET INDEX TO 单值索引文件名

例如，将结构索引文件中的"出生日期"设为当前索引：

Use 学生信息

SET ORDER TO 出生日期

BROWSE

（2）关闭索引

① 关闭结构复合索引文件中的索引标识使用以下命令：

SET ORDE TO

② 关闭独立复合索引文件和单值索引文件使用以下命令：

SET INDEX TO

索引关闭后就不再生效，即取消了记录的逻辑顺序。

5. 索引的更新

创建索引后，表的记录往往会增加、删除、修改，这需要重建索引以保证索引的准确性。结构复合索引文件会自动随着对表的操作而自动重建索引。

独立复合索引文件与单值索引文件不会自动重建，需要在打开索引文件后，使用下列命令重新索引：

REINDEX

可见，通常情况下，使用结构复合索引文件能够自动重建索引，打开索引标识方法简便。建议主要使用结构复合索引文件。

6. 删除索引

复合索引文件中可包含多个索引标识，若其中的一个或几个不再需要，可将其删除。若删除所有的索引标识，该复合索引文件即被删除。

（1）删除结构复合索引文件中的索引标识

① 在表设计器中删除。打开表设计器中的"索引选项卡"，选中显示的索引标识，单击"删除"按钮即可。

② 使用命令删除。

删除索引标识的命令：DELETE TAG 索引标识名

（2）删除独立复合索引文件中的索引标识

先要打开独立复合索引文件，然后再删除索引标识，命令如下：

SET INDEX TO 独立复合索引文件名

DELETE TAG 索引标识名

（3）删除单值索引文件

单值索引文件仅包含一个索引，删除该文件即删除索引。

删除单值索引文件命令：`DELETE FILE 单值索引文件名`

4.6 多工作区的使用与关联

1. 表的多区的操作

（1）工作区的概念

工作区是 Visual FoxPro 系统在打开数据库和表文件时在内存开辟的存储区域，打开一个表文件，该表被装入一个工作区。第一次打开的表被装入 1 号工作区，若直接再打开第二个表，则也被装入 1 号工作区，装入之前会将前面的表关闭。通常，如果要进行多个表间的关联操作，可以将不同的表分派到不同的工作区而使它们处于同时被打开的状态。

（2）工作区编号

Visual FoxPro 允许用阿拉伯数字 1、2、3…32 767 对工作区编号。分别称为 1 号、2 号…32 767 号工作区。即总共有 32 767 个工作区，允许最多打开 32 767 个表。前 26 个工作区也可用英文字母 A，B，C，…Z 编号。

（3）打开工作区的命令

打开工作区的命令：`SELECT 工作区号`

打开未曾打开的最小号的工作区命令：

`SELECT 0`

（4）测试当前工作区号函数

测试当前工作区号可用函数：`SELECT()`

在命令窗口执行显示函数的命令：`?SELECT()`

系统在主窗口显示当前工作区号。

例如，选择工作区举例，在命令窗口输入并执行下列命令：

```
USE 学生信息              &&打开第一个表
?SELECT()                &&测试当前工作区号，显示1
SELECT B                 &&打开2号工作区
USE 学生成绩              &&在2号工作区装入第二个表
?SELECT()                &&测试当前工作区号，显示2
```

（5）打开表命令的 IN 选项

USE 命令用于打开一个表文件，使用 USE 命令加上 IN 选项可直接指定装入表的工作区。

格式：`USE 表文件名 IN 工作区编号`

（6）表的别名

将表装入某个工作区时可指定表的别名，这样有利于切换不同的工作区。

格式：`USE 表文件名 ALIAS 别名`

例如，设置表的别名举例。在命令窗口输入并执行下列命令：

```
USE 学生成绩 IN D Alias cj1     &&在4号工作区打开表，设置别名cj1
SELECT F                      &&选择6号工作区
```

```
USE 成绩 1 Alias cj2          &&在 6 号工作区打开表，设置别名 cj2
BROWSE                       &&显示当前工作区（6 号）中表的内容
SELECT cj1                   &&切换至别名 cj1 表所在的 4 号工作区
BROWSE                       &&显示当前工作区（4 号）中表的内容
```

（7）在不同工作区重复打开同一个表

一个表通常只装入一个工作区，若想在不同工作区重复打开同一个表，则在重复打开时加上 AGAIN 选项。

格式：USE 表文件名 AGAIN

（8）关闭表和工作区

① 关闭某工作区的表，在该工作区使用命令：USE。

② 关闭已经打开的数据库与表，使用命令：CLOSE DATABASE。

③ 关闭所有已经打开工作区，使用命令：CLOSE ALL。

2. 表的关联操作

利用多工作区，可以进行多表间的关联操作。例如，有 3 个表，前两个表是某班级学生两个学期考试成绩，第三个表是学年总分表。由两个成绩表计算总分表就是关联操作。

（1）关联的命令操作

① 选择要计算的表为父表，父表按主关键字段（如学号）建立索引（普通索引）。选择一个工作区将其打开 。

② 两个（或多个）参与计算的表为子表，子表要按主关键字段建立索引（普通索引），将子表各装入一个工作区。

③ 建立父表与子表的关联。首先要转到父表所在工作区，再对子表建立关联，命令格式：

SET REALTION TO 主关键字段名 INTO 子表 1 所在工作区号|别名，INTO 子表 2 所在工作区号|别名，...

④ 使用成批替换命令进行运算操作。例如，由两个成绩表计算总分表。首先要在数据库"学生.DBC"中创建总分表"总分.DBF"，其中包括两个字段：学号（字符型，宽度 8），总分（数值型，宽度 8，小数位数 1）。然后添加学号的值，可用命令：APPEND FIELDS 学号 From 学生成绩。接下来进行关联计算操作。

```
USE 总分                        &&在 1 号工作区打开总分表
   SELECT B                      &&打开 2 号工作区
   USE 学生成绩                   &&打开第一个成绩表
   INDEX ON 学号 TAG xh          &&按学号创建普通索引
   SELECT C                      &&打开 3 号工作区
   USE 成绩 1                     &&打开第二个成绩表
   INDEX ON 学号 TAG xh          &&按学号创建普通索引
   SELECT A                      &&转到 1 号工作区
   SET RELATION TO 学号 INTO B,学号 INTO C    &&与子表建立了关联
REPLACE All 总分 WITH  b.操作系统+b.大学英语+b.软件工程+b.数字电路+b.体育+c.操
作系统+c.大学英语+c.软件工程+c.数字电路+c.体育
BROWSE                          &&显示总分表的内容
```

总分浏览结果如图 4-33 所示。

（2）关联的选单操作

应用系统菜单选项，也可以进行表文件间的关联操作。步骤如下：

① 打开数据库文件，显示数据库设计器及里面的数据表。

② 单击"窗口"→"数据工作期"命令，弹出"数据工作期"对话框，如图 4-34 所示。

图 4-33　显示的两个学期总分　　　　　　图 4-34　"数据工作期"对话框

③ 单击对话框上的"打开"按钮，弹出"打开"对话框，如图 4-35 所示。

依次选择需要建立关联的表文件并单击"确定"按钮，将相关表文件添加至"数据工作期"对话框，如图 4-36 所示。

图 4-35　"打开"对话框

图 4-36　添加表后的"数据工作期"对话框

④ 建立父表与子表间的关联。具体操作步骤为：单击父表→单击"关系"按钮→单击子表 1→确定索引→双击索引关键字（如学号）→单击"确定"按钮。

再单击父表→单击"关系"按钮→单击子表 2→确定索引→双击索引关键字（如学号）→单击"确定"按钮。

建立好关联的"数据工作期"对话框如图 4-37 所示。

图 4-37　已建立关联的"数据工作期"对话框

建立的表文件间的关联只能在本次工作状态中有效，若关闭了 Visual FoxPro 系统，这种关联即刻失效，下次操作时需要重建。

4.7　表间的永久关系与参照完整性

1. 建立表之间的永久联系

如果多个表之间实际上是一个整体。为了在以后的查询设计和视图设计时自动建立表间的连接，也是为了建立参照完整性，需要建立表间的永久关系。其方法是：

（1）建立表间的永久关系

当在数据库设计器中设计表之间的联系时，需要在父表中建立主索引，在子表中建立普通索引，然后通过父表的主索引和子表的普通索引建立起两个表之间的联系。

在"学生"数据库中有"学生信息表""学生成绩表""成绩1表"。3个表中都有学号字段，在"学生信息表"中以学号建立主索引，"学生成绩表"中以学号建立主索引，"成绩1表"中以学号建立普通索引。

然后，在数据库设计器中用单击父表的主索引图标（形如钥匙状），拖动至子表的索引图标处，建立一条连线。这样就建立了父表与第一个子表间的永久关系；其余照此方法办理。建立的永久关系如图4-38所示。

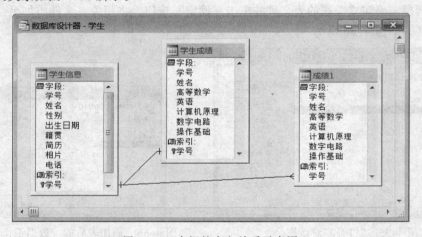

图4-38　表间的永久关系示意图

（2）删除表间的永久关系

删除表间的永久关系方法是：右击连线，在弹出的快捷菜单中单击"删除关系"命令即可。

2. 设置参照完整性

在数据库中数据完整性是指保证数据正确的特性，数据完整性一般包括实体完整性、域完整性和参照完整性等。

参照完整性是在建立表间永久关系的基础上所建立的表间操作制约关系。以图4-38所示的3个表为例说明什么是参照完整性：若父表添加一个学号，允许在两个子表添加该学号，父表未添加学号，子表不允许添加新学号；若父表的学号改动，子表对应的学号自动改动；若删除父表的某一学号，子表的对应学号自动删除。

右击永久关系连线会弹出快捷菜单，其中有"编辑参照完整性"命令；若单击"数据库"→"编辑参照完整性"命令，会弹出如图 4-39 所示的对话框。

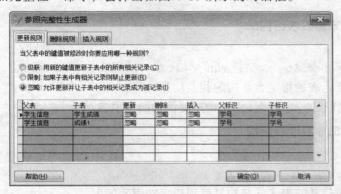

图 4-39 "参照完整性生成器"对话框

由图 4-38 可见，在对话框上面有一个父表和两个子表，有 3 种设置参照完整性的选项：更新、删除、插入。参照完整性的设置规则如表 4-7 所示。

表 4-7 参照完整性的设置规则

	级联	父表更新记录值（索引字段值），子表自动更新
更新	限制	禁止更新父表的记录值，以免在子表中出现孤立记录
	忽略	父表更新记录值，子表不作反映
	级联	父表删除记录，子表自动删除记录
删除	限制	禁止删除父表的记录值
	忽略	父表删除记录值，子表不作反映
插入	限制	若父表没有此项记录，则禁止子表插入该记录
	忽略	允许向子表插入记录，不论父表是否有该记录

通常情况下，参照完整性可进行下列选择：

更新：选"级联"。

删除：选"级联"。

插入：选"限制"。

图 4-40 表示了参照完整性设置完毕后的情况。

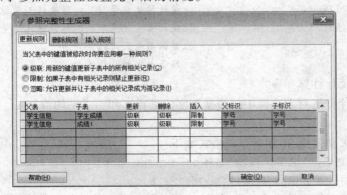

图 4-40 设置完毕的"参照完整性生成器"对话框

拓展知识

1. 以编程方式修改表结构命令

格式：

ALTER TABLE <表名> ADD|ALTER <字段名> <数据类型>[(字段宽度[,<小数位>])]

功能：修改指定表的指定表结构的相关信息。

说明：ADD|ALTER <字段名>用于指定要添加的字段名。

2. 使用复制命令复制表结构

格式：

COPY STRUCTURE TO <表文件名> [FIELDS<字段名>]

功能：将当前打开的表文件结构复制到指定的表文件中。

说明：若选择可选项 FIELDS<字段名>，可将当前打开的表文件结构的指定字段复制到指定的表文件中。

3. 表的统计

（1）统计记录数目

要统计表文件中的记录数目，可用函数 RECCOUNT()，该函数值可以返回表中的全部记录数。该函数格式如下：

RECCOUNT（工作区|表的别名）

例如，打开表文件"学生信息"后，统计记录数目。

命令操作如下：

```
USE 学生信息               &&打开表
?RECCOUNT()                &&统计记录数目，显示为 10
?RECCOUNT(2)               &&统计 2 号工作区记录数目，显示为 0
```

（2）统计符合条件的记录数目

COUNT 命令用于统计符合条件的记录数目，其命令格式如下：

COUNT [范围] [FOR 条件1] [WHILE 条件2] [TO 内存变量或数组名]

例如，打开表文件"学生信息"后，分别统计男生和女生的数目。

命令操作如下：

```
USE 学生信息               &&打开表
COUNT FOR 性别='男' TO M   &&统计男生记录数目，结果送入变量 M
COUNT FOR 性别='女' TO W   &&统计女生记录数目，结果送入变量 W
?M                        &&显示男生数，结果为 5
?W                        &&显示女生数，结果为 5
```

（3）数据的统计计算

数据的统计计算是对表文件中的数据型字段进行求和、求平均值等。

① 求和

数值字段的求和使用 SUM 命令，格式如下：

SUM [字段表达式] [范围] [FOR 条件1] [WHILE 条件2]

[TO 内存变量| TO ARRAY 数组] [NOOPTIMIZE]

例如，打开表文件"学生成绩"，统计计算各科总分，将计算结果存放至名称为 student1

的数组中。

命令操作如下：

USE 学生成绩

SUM 操作系统,大学英语,软件工程,数字电路,体育 TO ARRAY student1

显示结果如图 4-41 所示。

② 求平均值

数值字段的求平均值使用 AVERAGE 命令，格式如下：

AVERAGE [字段表达式] [范围] [FOR 条件1] [WHILE 条件2]
[TO 内存变量| TO ARRAY 数组] [NOOPTIMIZE]

例如，打开表文件"学生成绩"，统计各科分数平均值，将计算结果存放至名称为 student2
的数组中。

命令操作如下：

USE 学生成绩

AVERAGE 操作系统,大学英语,软件工程,数字电路,体育 TO ARRAY student2

显示结果如图 4-42 所示。

图 4-41　各科成绩的总和　　　　　　图 4-42　各科成绩的平均值

（4）CALCULATE 命令

应用 CALCULATE 命令能进行功能更强的统计计算，其命令格式如下：

CALCULATE [函数表达式] [范围] [FOR 条件1] [WHILE 条件2]
[TO 内存变量| TO ARRAY 数组] [NOOPTIMIZE] [IN 工作区|表的别名]

在使用 CALCULATE 命令时要结合一些函数，如表 4-8 所示。

表 4-8　CALCULATE 命令包含的函数

函　　数	功　　能
AVG(字段表达式)	计算字段表达式的算术平均值，与 AVERAGE 命令功能相同
CNT( )	统计表中记录的数目
MAX(字段表达式)	返回字段表达式的最大值
MIN(字段表达式)	返回字段表达式的最小值
NPV(固定利率，现金流字段[, 初始投资])	计算固定利率下现金流量的净现值
STD(字段表达式)	返回字段表达式的标准差
SUM(字段表达式)	计算字段表达式的总和，与 SUM 命令功能相同
VAR(字段表达式)	返回字段表达式的方差，即标准差的平方值

例如，打开表文件"学生成绩"，使用 CALCULATE 命令计算数字电路学分数的总和、平均值、标准差、最大值、最小值。

命令操作如下：

USE 学生成绩
CALCULATE SUM(数字电路),AVG(数字电路),STD(数字电路),MAX(数字电路),MIN(数字电路)

显示结果如图 4-33 所示。

图 4-33 CALCULATE 命令显示结果

4. 索引的应用

（1）对记录进行排序

建好表的索引后，便可以用它来为记录排序。下面是对"学生信息"表排序的步骤：

① 打开已建好索引的"学生信息"表。

② 选择"浏览"。

③ 从"表"菜单中选择"属性"命令。

④ 在"索引顺序"下拉列表中选择要用的索引"出生日期"，如图 4-44 所示。

⑤ 单击"确定"按钮。

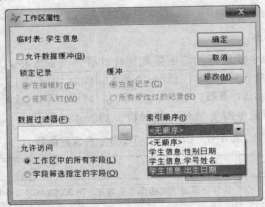

图 4-44 选择"出生日期"

显示在"浏览"窗口中的表将按照索引指定的顺序排列记录。选定索引后，通过运行查询或报表，还可对它们的输出结果进行排序。

（2）控制重复输入

将某一字段设置为"主索引"或"候选索引"就可以控制字段重复值的输入，强制在字段中输入唯一的值。例如：

① 在浏览窗口中打开数据表"学生信息"。

② 打开"表设计器"，在"索引"选项卡中将学号选取为主索引，并返回浏览窗口。

③ 单击"显示"→"追加方式"命令，光标跳到最后一行，输入学号数据与上一行相同，按【↓】键，这时将显示错误信息，如图 4-45 所示，表示学号索引关键字的字段中，

有数据违反唯一性规则。

④ 单击"确定"按钮回到该记录进行修改，如果单击"还原"按钮会还原记录的内容。

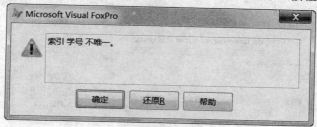

图 4-45　显示的错误信息

技能操作

1. 在"学生信息"表的"出生日期"和"籍贯"字段之间插入一个"年龄"字段，数据类型为"整型"

操作步骤如下：

① 在数据库设计器中，右击表并在弹出的快捷菜单中单击"修改"命令，或在命令窗口中使用 modify structure 命令打开表结构设计器，按照各个选项卡的提示建立表索引或插入字段。

② 选择"籍贯"字段，单击"插入"按钮，即为表插入一个新的字段。输入新的字段名"年龄"，选择类型为"整型"，如图 4-46 所示，单击"确定"按钮。

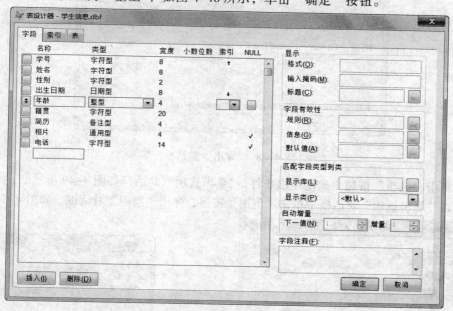

图 4-46　"表设计器"对话框

2. 将 Excel 中的表格数据导入到 Visual FoxPro 中

操作步骤如下：

① 单击"文件"→"导入"命令，如图 4-47 所示，在弹出的"导入"对话框的下拉列

表中选择"Microsoft Excel 5.0 和 97（XLS）"。

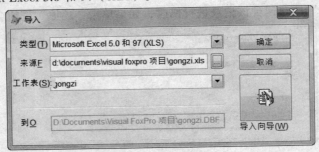

图 4-47　"导入"对话框

② 单击"来源于"右边的 ▢ 按钮，选择一个 Excel 文件，例如 gongzi.XLS 文件。

③ 单击"确定"按钮，即完成数据的导入。

3.　将 .dbf 表文件导出为 Excel 数据文件

操作步骤如下：

① 单击"文件"→"导出"命令，在弹出的"导出"对话框的下拉列表中选择"Microsoft Excel 5.0（XLS）"。

② 单击"到"下拉列表右侧的 ▢ 按钮，选择一个 Excel 文件或指定一个新文件名，例如 gongzi.XLS，如图 4-48 所示。

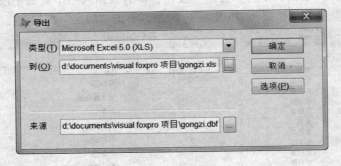

图 4-48　"导出"对话框

③ 单击"选项"按钮来确定导出条件，"导出选项"对话框如图 4-49 所示。

④ 在"导出选项"对话框中单击"范围"按钮，弹出"范围"对话框，如图 4-50 所示。

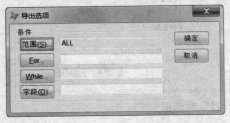　　　　　　

图 4-49　"导出选项"对话框　　　　　　图 4-50　"范围"对话框

⑤ 在"导出选项"对话框中单击 "For"按钮，弹出"表达式生成器"对话框，确定要导出的数据必须满足的条件。

⑥ 在"导出选项"对话框中单击 "字段"按钮，弹出"字段选择器"对话框，确定要导出字段的顺序。

⑦ 在"导出选项"对话框中单击 "确定"按钮，完成数据导出功能，系统自动生成一个新 Excel 文件。

本章小结

创建数据库和表是 Visual FoxPro 数据库管理系统中的基础工作，虽然可以创建独立的数据库和自由表，但是最好还是在项目文件中创建数据库，在数据库文件中创建表。创建表时，可对字段进行约束，包括默认值约束、NULL 约束、检查约束等。这些约束的功能是保证操作时尽可能减少出错。打开数据库设计器后可以查看数据库的内容，可以修改数据库。显示表内容的命令有 BROWSE、DISPLAY、LIST，用法大同小异。在程序设计时较多使用 BROWSE 命令，在维护表的操作过程中使用 DISPLAY 较方便。

思考与练习

一、填空题

1. Visual FoxPro 中数据库文件的扩展名是_____。
2. 在 Visual FoxPro 中，CREATE DATABASE 命令创建一个扩展名为_____的数据库文件。
3. 在 Visual FoxPro 中数据库文件的扩展名是_____；数据库表文件的扩展名是_____。
4. 打开数据库设计器的命令是_____DATABASE。
5. 建立数据库时，若不想直接覆盖已存在的数据库，应先执行命令_____。
6. "项目管理器"的"数据"选项卡用于显示和管理_____。
7. Visual FoxPro 中，将当前索引文件中的"姓名"设置为当前索引，应输入的命令是_____。
8. 使用 BROWSE 命令可以方便地对当前数据表记录进行多种编辑操作，包括_____。
9. Visual FoxPro 中，删除全部索引的命令是_____。
10. 在 Visual FoxPro 中删除记录有_____和_____两种。

二、选择题

1. 在数据库中可以存放的文件是（   ）。
   A. 数据库文件　　　　B. 数据库表文件　　　　C. 自由表文件　　　　D. 查询文件
2. 删除一个数据库的命令是（   ）。
   A. DEL　　　　　　　B. ERASE　　　　　　C. DELETE DATABASE　　D. DELETE
3. 在打开一个数据库文件时，要检查数据库所引用的对象是否合法，应该使用的参数是（   ）
   A. CHECK　　　　　B. NOUPDATE　　　　C. DELETE　　　　　D. VALIDATE
4. 以独占方式打开数据库文件时，应该使用的参数是（   ）
   A. EXCLUSIVE　　　B. SHARED　　　　　C. NOUPDATE　　　　D. VALIDATE
5. 以只读方式打开数据库文件时，应该使用的参数是（   ）
   A. EXCLUSIVE　　　B. SHARED　　　　　C. NOUPDATE　　　　D. VALIDATE

6. 数据表文件中当前记录指针指向 100，要使指针指向记录号 20，应使用（　　　）命令。
   A. LOCATE　20　　　　B. 29465　　　　　　　　C. GO　20　　　　　　　　D. SKIP　80

7. 当数据库打开时，包含在数据库中的所有表都可以使用，但这些表不会自动打开，使用时需要执行（　　　）命令。
   A. CLEAR　　　　　B. USE<数据表名>　　C. OPEN　　　　　　　　D. LIST

8. 定位记录时，可以用（　　　）命令向前或向后相对移动若干条记录位置。
   A. SKIP　　　　　　B. GOTO　　　　　　　C. GO　　　　　　　　　D. LOCATE

9. 数据表文件在当前工作区已打开，为了在文件尾部增加一条空白记录，应使用（　　　）命令。
   A. APPEND　BLANK　　　　　　　　　　B. INSERT　BLANK
   C. BROWSE　BLANK　　　　　　　　　　D. SELECT　BLANK

10. 要为当前所有学生的年龄增加 2 岁，应输入的命令是（　　　）。
   A. CHANGE　ALL 年龄　WITH　年龄+2　　B. CHANGE　ALL 年龄+2　WITH　年龄
   C. REPLACE　ALL 年龄　WITH　年龄+2　　D. REPLACE ALL 年龄+2 WITH 年龄

三、上机题

1. 创建一个名为"人事管理"的数据库，用于组织有关人事管理的数据资料。
2. 在数据库中创建两个表：人事档案表、人事工资表。
3. 将自由表"工资扣款"添加到"人事管理"数据库中。

第 5 章

➡ Visual FoxPro 程序设计基础

开发具有实用价值的应用系统必须采用程序设计的方法，Visual FoxPro 提供了程序文件方式来管理数据库，即通过程序文件编辑工具，将数据库操作的命令、函数等编制成一个有序序列存放在程序文件中，然后通过菜单操作方式或命令操作方式运行该程序文件来完成相应的一系列操作，程序文件的扩展名为 .prg。

知识目标：

- 掌握程序的创建、编辑、执行和调试的方式；
- 掌握顺序、选择和循环程序设计结构；
- 掌握数组的使用方式；
- 掌握子程序的调用方式；
- 掌握过程程序设计的方法。

5.1 程序设计预备知识

1. 程序的概念

程序执行方式是预先把多条命令按一定规则组织成一个有机的序列，这个命令序列称为程序。换句话说，程序是根据问题的处理要求，由用户使用 Visual FoxPro 提供的命令、函数和控制语句等组成的计算机执行命令序列。这个序列的设计、编码、调试过程称为程序设计，程序设计的产品就是程序。程序是能够完成一定任务的命令的有序集合。这组命令被存放在称为程序文件或命令文件的文本文件中。当运行程序时，系统会按照一定的顺序自动执行文件中的命令。与在命令窗口逐条输入命令相比，采用程序方式有以下优点：

① 可以利用编辑器，方便地输入、修改和保存程序。

② 可以用多种方式、多次运行程序。

③ 可以在一个程序中调用另一个程序。

2. 程序文件的建立和运行

（1）程序文件的建立

通常是调用系统内置文本编辑器建立与修改程序文件。

① 在项目管理器中创建程序。在项目管理器中建立程序的界面如图 5-1 所示，首先选择程序，然后单击"新建"按钮建立程序。

② 从"新建"对话框建立数据库。创建程序，也可以不经过项目管理器而单独创建。单击"文件"→"新建"命令，如图 5-2 所示，首先在"文件类型"中选择"程序"，然后

单击"新建"按钮建立程序。

此种方法可以创建一个不属于任何项目文件的独立的程序。当然，如果需要的话，可以在项目管理器中将本项目以外的程序添加到本项目文件中，从而使程序属于本项目。

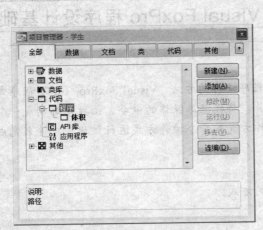

图 5-1　在项目管理器中建立程序　　　　　　　图 5-2　"新建"对话框

在项目管理器中创建的程序文件是属于项目管理器的，新建程序所创建的程序文件是自由的，无论用哪种方法打开程序，屏幕均显示如图 5-3 所示的程序编辑器。

图 5-3　程序编辑器

（2）程序文件的保存

程序输入、编辑完毕，单击"文件"→"保存"命令，或按【Ctrl+W】组合键，在"另存为"对话框中指定程序文件的存放位置和文件名，并单击"保存"按钮保存程序文件并退出文本编辑器。

（3）打开、修改程序

单击"文件"→"打开"命令，弹出如图 5-4 所示的"打开"对话框，在"文件类型"

列表框中选择"程序"项，在"文件"列表框中选定要打开修改的文件，并单击"确定"按钮。

　　编辑修改后，再保存修改后的程序文件。若要放弃本次修改，单击"文件"→"还原"命令或按【Esc】键。

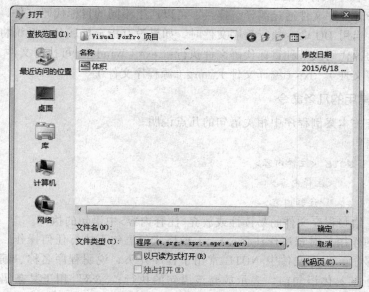

图 5-4　"打开"对话框

　　修改程序的命令格式：

```
MODIFY COMMAND [<文件名>]
```

　　该命令当<文件名>已存在时，为打开修改该程序，否则为新建程序，同新建程序的用法。

（4）程序文件的运行

　　程序文件建立后，可以用多种方式、多次运行它。下面是两种常用的方式。

　　① 菜单方式运行程序。单击"程序"→"运行"命令，弹出"运行"对话框，从"文件"列表框中选择要运行的程序文件，单击"运行"按钮，启动运行该程序文件。

　　采用此方式运行程序时，系统会将程序文件所在的盘符和目录设置为程序执行时的默认目录。

　　② 命令方式运行程序。

　　格式：

```
DO [<盘符>] [<路径>\] <文件名>
```

　　说明：

　　命令中程序文件的扩展名.PRG 可以省略；省略<盘符>和<路径>，执行系统默认目录下的程序文件；程序执行完毕，返回命令窗口。

　　该命令既可以在命令窗口中执行，也可以在某程序文件中执行。在程序中通过 DO 命令可以调用另一个程序。

　　执行程序文件时，将依次执行文件中包含的命令，直到所有命令执行完毕，或者执行以下命令：

CANCAL：终止程序运行，清除所有的私有变量，返回命令窗口。

DO：调用执行另一个程序。

RETURN：结束程序执行，返回调用它的上级程序，若无上级程序则返回命令窗口。

QUIT：结束程序执行并退出 Visual FoxPro 系统，返回操作系统。

Visual FoxPro 程序文件通过编译、连接，可以产生不同的目标代码文件，这些文件具有不同的扩展名。当用 DO 命令执行程序文件时，如果没有指定扩展名，系统将按下列顺序寻找该程序文件的源代码或某种目标代码文件执行：.exe（Windows 可执行文件）、app（Visual FoxPro 应用程序文件）、.fxp（编译文件）、.prg（源程序文件）。

3. 程序中常用的几条命令

下面介绍有关本案例程序中相关语句的几点说明。

（1）注释语句

命令格式 1：NOTE <注释内容>

命令格式 2：* <注释内容>

命令格式 3：&& <注释内容>

命令说明：增强程序文件的易读性或放弃<注释内容>中语句的执行。

注释语句的作用是对程序作注释。这 3 种格式的语句不执行任何操作，程序执行时，注释内容也不显示。程序文件中 NOTE 常用于程序开头，说明程序名称、编制时间和主要功能；"*" 用于某具体语句前，表示放弃该语句的执行；"&&" 用于某条语句后，说明该语句的作用。

注意：一条注释语句最多包含 254 个字符，若注释内容一行写不下，应在这行末尾加分号按【Enter】键后，再在下一行输入其余内容；注释标记 NOTE、*、&&后面至少要有一个空格，注释内容不需要用引号括起来。

（2）对话开关语句

Visual FoxPro 执行每一条语句后，便把命令执行的结果显示在屏幕上，这称为 Visual FoxPro 与用户的对话。这在单条命令执行时非常方便，但在程序方式执行时会与程序本身的输出相互夹杂，打乱屏幕画面，运行速度也大受影响。所以，程序调试时，一般设置"对话"为开通状态；而在程序运行时，通常设置"对话"为关闭状态。

格式：SET TALK ON | OFF

说明：关闭或打开命令执行时的对话开关。

通常情况下，系统默认为 SET TALK ON。

（3）清除屏幕命令

格式：CLEAR

说明：清除屏幕上的信息。

（4）命令的分行

Visual FoxPro 程序是命令行的序列，每个命令都以【Enter】键结束，一行只能写一条命令；若一条命令太长，一行写不下，也可以分行书写，并在分行处加上续行符";"，再按【Enter】键。

本章中的例子将要用到前面章节建立的"学生"数据库，及该数据库中的"学生信息表"

和"学生成绩表"。

5.2　常用的几条输入命令

在编制程序的过程中，通常要提供一些原始数据。这些数据有些是确定的，有些在编制程序时不能确定，要根据用户需要在程序执行时交互式输入。为了在程序执行过程中，能够交互式输入数据，Visual FoxPro 系统提供了 3 条常用交互式输入命令。

1. 键盘字符数据输入命令

格式：ACCEPT [<提示信息>] TO [<内存变量>]

说明：将从键盘上接收的字符串数据存入指定的内存变量中。

① [<提示信息>]：指定提示信息字符串。在 Visual FoxPro 中，提示文本的字体与 Visual FoxPro 主窗口的字体相同。

② [<内存变量>]：指定存储字符数据的内存变量或数组元素。如果没有定义此内存变量，ACCEPT 将自动创建；如果没有输入数据，就按【Enter】键，内存变量或数组元素为空字符串，最多可接受 254 个字符。

③ ACCEPT 命令只能用于接收字符型数据，输入时不用定界符。

当执行此命令时，先在屏幕上显示"提示信息"，光标紧随其后；然后，系统暂停运行，等待用户从键盘输入字符数据并复制给指定的内存变量，按【Enter】键后，系统继续运行。

【例 1】编程从键盘输入某数据库的文件名，要求打开该数据库并显示其内容。

编写代码如下：

```
SET TALK OFF
CLEAR
ACCEPT "请输入数据库名: " TO KM
OPEN  DATABASE &KM
ACCEPT "请输入表名" TO BM
USE &BM
LIST
USE
SET TALK ON
RETURN
```

2. 通用数据输入命令

格式：INPUT [<提示信息>]　TO [<内存变量>]

说明：用于接收从键盘上输入的表达式，并将结果存入指定的内存变量或数组元素中。

① [<提示信息>]：提示用户输入数据。

② [<内存变量>]：指定一个内存变量或数组元素，存储从键盘输入的数据。<内存变量>的数据类型取决于输入数据的类型，可以是数字型、字符型、日期型和逻辑型。

INPUT 语句与 ACCEPT 语句的区别是：ACCEPT 命令只能接收字符串，而 INPUT 语句可以接收多种类型的 Visual FoxPro 表达式；如果输入的是字符串，ACCEPT 语句不必使用字符型定界符，而 INPUT 语句必须用定界符括起来。为避免与 ACCEPT 命令混淆，本命令一般不用于字符型数据的输入。

【例 2】 从键盘输入两个任意正数，编程求以两数为边长的正方形面积。

编写代码如下：

```
SET TALK OFF
CLEAR
INPUT "长方形一边的长为: " TO A          &&输入长方形的长、宽
INPUT "长方形另一边的长为: " TO B
S=A*B                                    &&计算长方形的面积
?"长方形的面积为: ",S                     &&显示长方形的面积
SET TALK ON
RETURN
```

运行该程序，结果如图 5-5 所示。

【例 3】 从键盘上随机输入三角形的两边 A、B 和夹角 X，求该三角形的第三边 C 和面积 S。

编写代码如下：

```
SET TALK OFF
CLEAR
INPUT "请输入三角形的一边A: " TO A        &&输入三角形两边及夹角
INPUT "请输入三角形的另一边B: " TO B
INPUT "请输入两边的夹角X: " TO X
X=X*3.14/180                             &&将角度转换为弧度
C=SQRT(A*A+B*B-2*A*B*COS(X))             &&求第三边 C
S=0.5*A*B*SIN(X)                         &&求三角形面积
?"三角形第三边和面积分别为",C,S           &&输出第三边和面积
SET TALK ON
RETURN
```

运行该程序，结果如图 5-6 所示。

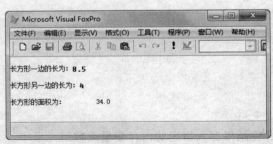

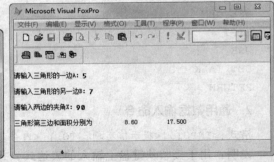

图 5-5　例 2 运行结果　　　　　　　　图 5-6　例 3 运行结果

3. 键盘单字符数据接收命令（等待命令）

格式：

```
WAIT [<提示信息>]  [TO  <内存变量>]
[WINDOWS [AT <行>, <列>]]  [TIMEOU T <数值表达式>]
```

说明：

暂停正在运行的程序，直到输入一个字符为止。

① 若选择 TO <内存变量>子句，则将输入的单个字符存入<内存变量>指定的内存变量中；若直接按【Enter】键，则内存变量中存入空字符串，内存变量的类型为字符型。

② 若选择<提示信息>子句，执行此命令时，屏幕上将显示提示信息，否则，屏幕上将显示"按任意键继续…"。

③ WINDOWS 子句可以使主屏幕上出现一个 WAIT 提示窗口，位置由 AT 选项的<行>，<列>来指定。若默认 AT 选项，<提示信息>将显示在主屏幕的右上角。

④ TIMEOUT 子句用来设定等待的时间（秒），一旦超过，自动执行下面的命令。

WAIT 语句主要用于下列两种情况：

① 暂停程序的运行，以便观察程序的运行情况，检查程序运行的中间结果。

② 根据实际情况输入某个字符，以控制程序的执行流程。例如，在某应用程序的"Y/N"选择中，常用此命令暂停程序的执行，等待用户回答"Y"或"N"，由于这时只需输入单个字符，也不用按【Enter】键，操作简便，响应迅速。

【例 4】当程序执行完成某一条命令以后，需要暂时停止程序的执行，在用户按任意键以后，再继续执行。

上例在程序要暂时停止的位置 X=X*3.14/180 语句之后，添加如图 5-7 所示的暂停命令，输入完夹角值按【Enter】键后，暂停结果如图 5-7 所示。

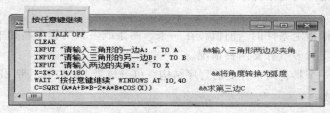

图 5-7 例 4 运行结果

5.3 顺序结构程序设计

程序设计是根据给定的任务，设计、编写和调试出能够正确完成该任务的计算机程序的过程。结构化程序设计是一套进行程序设计的准则，其目的是使程序具有合理的结构，程序只有具备合理的结构，才会易于理解和维护，便于程序设计和程序的正确性验证，降低软件成本，提高工作效率。

结构化程序设计要求程序要按照一定的规则书写，结构化程序是由若干个基本结构顺序构成的。编写结构化程序时，要一个结构一个结构地顺序书写，执行程序时也是从上而下一个结构一个结构地顺序执行。按结构化程序设计方法编写的程序，称为结构化程序。这样的程序结构合理，清晰易读。

结构化程序由 3 种基本结构组成：顺序结构、选择结构和循环结构。

顺序结构是程序设计最基本的控制结构，系统严格地按照命令或语句排列的先后顺序执行。这是程序结构中最简单、最基本的结构。前面章节中在命令窗口所执行的一个个命令，都可以组合起来写到一个程序中并执行，结果将与在命令窗口一条条执行的结果一样。

【例 5】建立一个顺序结构的程序，并运行。

编写代码如下：

```
SET TALK OFF
CLEAR
X=5
Y=6
Z=2*X+4*Y
?'X=',X
?'Y=',Y, '
?'Z=',Z
SET TALK ON
RETURN
```

运行该程序，结果如图5-8所示。

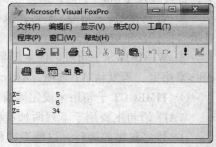

图 5-8　例 5 运行结果

5.4　选择结构程序设计

  数据处理过程往往是非常复杂的，应用程序运行时常常需要根据是否满足一定的条件，决定程序继续运行的方式，或者做出相应的逻辑判断、选择。由于计算机具有很强的逻辑判断能力，因此可根据不同的条件采取不同的处理方法，这就要用一种结构来决定程序的不同走向，即选择结构。

  选择结构能根据指定条件的当前值，在一条、两条或多条的程序路径中选择其中一条执行，主要有条件分支和多重分支两种情况。

  IF 条件语句是一个具有两个分支的程序结构，可分成带 ELSE 与不带 ELSE 的两种格式。

1.　单分支 IF 语句

语句格式：

```
IF <逻辑表达式>
  <语句序列>
ENDIF
```

  功能：首先计算<逻辑表达式>的值，若其值为真，执行<语句序列>，然后执行 ENDIF 后面的语句；若其值为假，则直接执行 ENDIF 后面的语句，该语句的流程图如图5-9所示。

  注意：IF 与 ENDIF 必须成对使用，并分两行书写。

  【例 6】从键盘上输入两个数 a 和 b，比较大小，如果 a 小于 b，则交换两个变量，并将 a 和 b 按从大到小输出。

编写代码如下：

```
SET TALK OFF
CLEAR
INPUT "A=" TO A
INPUT "B=" TO B
IF A<B              &&如果 a 小于 b，交换两数
  T=A
  A=B
  B=T
ENDIF
```

```
?"A=",A
?"B=",B
SET TALK ON
RETURN
```
运行该程序，结果如图 5-10 所示。

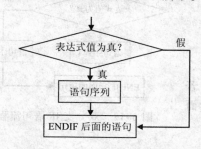

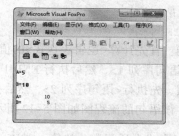

图 5-9　单分支 IF 语句流程图　　　　　　　　图 5-10　例 6 运行结果

【例 7】计算一元二次方程 $ax^2+bx+c=0$ 的实数根。

分析：求解一元二次方程的根，需要判断 b^2-4ac 的值，根据判断，一元二次方程会有两个不同的实数根，两个相同的实数根和两个不同的虚数根这 3 种情况，如果使用单分支 IF 语句，可以实现求解实数根的情况，若是求得两个相同实数根，也会分别输出。

编写代码如下：
```
SET TALK OFF
CLEAR
WAIT "请输入一元二次方程的三个数值，A、B、C: " TIMEOUT 1
INPUT "A=" TO A
INPUT "B=" TO B
INPUT "C=" TO C
DELTA=B*B-4*A*C
IF DELTA>=0
    ?"方程有两个实数根"
    ?"X1=",-B/(2*A)+SQRT(DELTA)/(2*A)
    ?"X2=", -B/(2*A)-SQRT(DELTA)/(2*A)
ENDIF
SET TALK ON
RETURN
```
运行该程序，结果如图 5-11 所示。

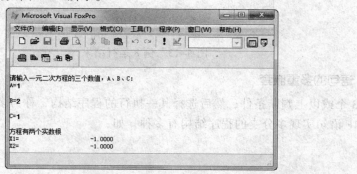

图 5-11　例 7 运行结果

2. 双分支 IF 语句

格式：

```
IF <逻辑表达式>
    <语句序列 1>
    ELSE
    <语句序列 2>
ENDIF
```

功能：首先计算<逻辑表达式>的值，若其值为真，先执行<语句序列 1>，然后执行 ENDIF 后面的语句；若其值为假，先执行<语句序列 2>，然后执行 ENDIF 后面的语句，该语句的流程图如图 5-12 所示。

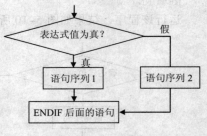

图 5-12　双分支 IF 语句流程图

【例 8】求分段函数 y 的值：$y=\begin{cases} x+3 & (x>=0) \\ x-3 & (x<0) \end{cases}$

编写代码如下：

```
SET TALK OFF
CLEAR
INPUT "X=" TO X
IF X>=0
  Y=X+3                      &&x>=0 时，y 的值
  ELSE
  Y=X-3                      &&x<0 时，y 的值
ENDIF
?"Y=",Y
SET TALK ON
RETURN
```

运行该程序，结果如图 5-13 所示。

图 5-13　例 8 运行结果

3. IF 语句的多重嵌套

根据 3 个或以上判断条件，然后选择其一执行的程序结构，称为多分支程序。

使用 IF 语句实现多分支的程序结构有多种，如：

```
   IF<条件表达式 1>
     <语句序列 1>
   ELSE
       IF <条件表达式 2>
           <语句序列 2>
       ELSE
               IF <条件表达式 3>
                 <语句序列 3>
               ELSE
                 <语句序列 4>
               ENDIF
       ENDIF
   ENDIF
```

或者如：

```
IF<条件表达式 1>
     IF <条件表达式 2>
         <语句序列 1>
     ELSE
         <语句序列 2>
     ENDIF
ELSE
     IF <条件表达式 3>
       <语句序列 3>
     ELSE
       <语句序列 4>
     ENDIF
ENDIF
```

IF 语句的嵌套方式多种多样，但必须保证 IF、ELSE（可以省略）和 ENDIF ——对应。允许在程序的任何位置嵌套，但不允许交叉嵌套。

【例 9】假如收入（P）与税率（R）的关系如下面的公式，编程求税金。

$$R=\begin{cases} 0 & P<800 \\ 0.05 & 800 \leqslant P<200 \\ 0.08 & 2000 \leqslant P<5000 \\ 0.1 & P \geqslant 5000 \end{cases}$$

编写代码如下：

```
SET TALK OFF
CLEAR
INPUT "请输入收入: " TO P
IF P<800
  R=0                              &&工资小于 800 时的税率
ELSE
    IF P<2000
```

```
      R=0.05                          &&工资在 800 到 2000 之间时的税率
         ELSE
             IF P<5000
                 R=0.08              &&工资在 2000 到 5000 之间时的税率
             ELSE
                 R=0.1               &&工资大于等于 5000 时的税率
             ENDIF
         ENDIF
ENDIF
TAX=P*R
?"工资为: ",P,"税率为: ",R,"税金为: ",TAX
SET TALK ON
RETURN
```

运行该程序，结果如图 5-14 所示。

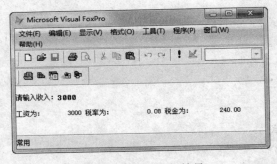

图 5-14　例 9 运行结果

【例 10】计算一元二次方程 $ax^2+bx+c=0$ 的根。

前面在例题 7 中求一元二次方程的解，只能实现求解实数根的情况，并且如果两个实数根的值相同，也不会做出提示，如图 5-13 运行结果就是这种情况，现在使用 IF 语句的嵌套，实现求一元二次方程的两个不同实数根、两个相同的实数根和两个不同的虚数根 3 种情况。

编写代码如下：

```
SET TALK OFF
CLEAR
INPUT "A=" TO A
INPUT "B=" TO B
INPUT "C=" TO C
DELTA=B*B-4*A*C
IF DELTA>0
    ?"方程有两个不同的实数根: "
    ?"X1=",-B/(2*A)+SQRT(DELTA)/(2*A)
    ?"X2=", -B/(2*A)-SQRT(DELTA)/(2*A)
  ELSE
      IF DELTA=0
        ?"方程有两个相同的实数根: "
```

```
?"X1=X2=",-B/(2*A) /(2*A)
      ELSE
        ?  "方程有两个不同的虚数根: "
        ?"X1=",-B/(2*A)," +",SQRT(-DELTA)/(2*A),"i"
        ?"X2=", -B/(2*A),"-",SQRT(-DELTA)/(2*A),"i"
      ENDIF
 ENDIF
SET TALK ON
RETURN
```

运行该程序，结果如图 5-15 所示。

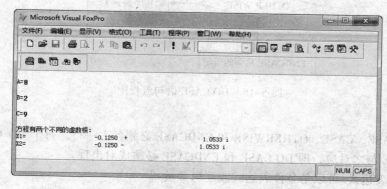

图 5-15   例 10 运行结果

4. 多分支语句（DO CASE…ENDCASE）

虽然嵌套语句可以解决多条件判断问题，但是，如果 IF 嵌套的层数太多，那么嵌套关系容易混乱，另外也影响了程序的可读性，并且容易出错。为了解决这一问题，Visual FoxPro 提供了 DO CASE…ENDCASE 语句。

格式：

```
DO CASE
   CASE <逻辑表达式 1>
    <语句序列 2>
   CASE <逻辑表达式 1>
    <语句序列 2>
   ……
   CASE <逻辑表达式 n>
    <语句序列 n>
   [OTHERWISE
    <语句序列 n+1>]
ENDCASE
```

功能：系统依次判断逻辑表达式值是否为真，若某个表达式值为真，则执行该 CASE 段的语句序列，然后执行 ENDCASE 后面的语句；在各逻辑表达式的值均为假的情况下，若有 OTHERWISE 子句，则执行<语句序列 n+1>，否则直接结束多分支语句，该语句的流程图如图 5-16 所示。

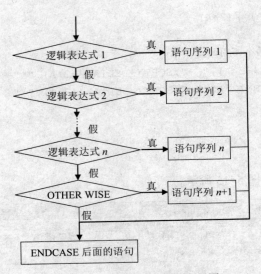

图 5-16 DO CASE 语句流程图

说明:

① DO CASE、CASE、OTHERWISE 和 ENDCASE 必须各占一行。每个 DO CASE 必须有一个 ENDCASE 与之对应，即 DO CASE 和 ENDCASE 必须成对出现。

② <逻辑表达式>可以是条件表达式或逻辑常量。

③ 语句序列中可以嵌套各种控制结构的命令语句。

【例 11】成绩用优秀（>=85）、良好（70~84）、及格（60~69）与不及格（<60）来划分，当输入一名同学的分数后就输出该同学的成绩等级。

编写代码如下:

```
SET TALK OFF
CLEAR
INPUT"请输入该同学的分数: " TO fs
DO CASE
    CASE fs>=85
    ?"你的成绩为: 优秀"
    CASE fs>=70
    ?"你的成绩为: 良好"
    CASE fs>=60
    ?"你的成绩为: 及格"
    OTHERWISE
    ?"你的成绩为: 不及格"
    ENDCASE
SET TALK ON
RETURN
```

运行该程序，结果如图 5-17 所示。

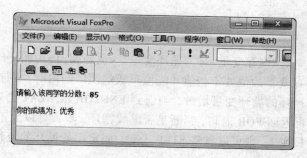

图 5-17　例 11 运行结果

【例 12】用 CASE 语句编程求例题 9 中的税金。

编写代码如下：

```
SET TALK OFF
CLEAR
INPUT "请输入收入: " TO P
DO CASE
    CASE P<800
        R=0                    &&工资小于 800 时的税率
    CASE P<2000
        R=0.05                 &&工资在 800 到 2000 之间时的税率
    CASE P<5000
        R=0.08                 &&工资在 2000 到 5000 之间时的税率
    OTHERWISE
        R=0.1                  &&工资大于等于 5000 时的税率
ENDCASE
TAX=P*R
?"工资为: ",P,"税率为: ",R,"税金为: ",TAX
SET TALK ON
RETURN
```

运行结果同图 5-14。

5.5　循环结构程序设计（一）

在顺序结构与选择结构程序中，每条语句最多只执行一次。在处理实际问题的过程中，有时需要反复执行相同的操作，即对一段程序进行循环操作，这种被反复的语句序列称为循环体。

Visual FoxPro 系统具有一般程序设计语言都有的 FOR 步长循环、WHILE 条件循环和 SCAN 扫描循环语句，循环执行的次数一般由条件决定，但在循环体中可插入跳出语句 EXIT 来结束循环，也可以用 LOOP 语句来继续循环。

1. 步长循环 FOR…ENDFOR 语句

格式：

FOR <内存变量>=<循环初值> TO <循环终值> [STEP<步长>]

<语句序列>

ENDFOR| NEXT

功能：语句格式中的<内存变量>称为循环变量，<循环初值>为循环的起点，<循环终值>为循环的终点。当内存变量的值处于初值和终值形成的闭区间内时，则执行循环体，否则退出循环。步长为每次循环的循环变量增量，当遇到 ENDFOR 或 NEXT 语句时，循环变量即自动增加为一个步长，再返回 FOR 语句，判断是否继续循环。步长可以为正数，也可以为负数，可以为小数。如果步长为 1，则可以省略 STEP 子句。固定次数循环的流程图如图 5-18 所示。

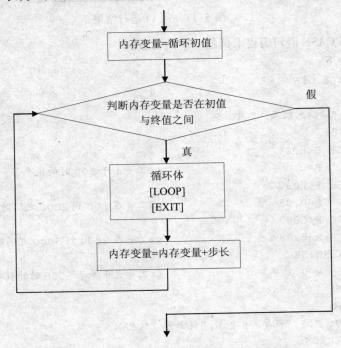

图 5-18　固定次数循环语句流程图

【例 13】从键盘输入 10 个数，编程找出其中的最大值和最小值。

编写代码如下：

```
SET TALK OFF
CLEAR
INPUT  "请输入第一个数: " TO A
STORE A TO MAXS, MINS
FOR I=2 TO 10
  INPUT  "请再输入一个数: " TO A
  IF MAXS<A
      MAXS=A
  ENDIF
  IF MINS>A
      MINS=A
  ENDIF
ENDFOR
```

```
?"最大值为: ",MAXS
?"最小值为: ",MINS
SET TALK ON
RETURN
```
运行该程序，结果如图 5-19 所示。

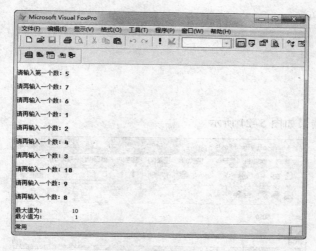

图 5-19　例 13 运行结果

【例 14】编程完成，使得 N 的值从 100 开始，逐次减 8，直至 N 小于或等于 0 为止。
编写代码如下：
```
SET TALK OFF
CLEAR
FOR N=100 TO 0 STEP -8
    ?N
ENDFOR
SET TALK ON
RETURN
```
运行该程序，结果如图 5-20 所示。

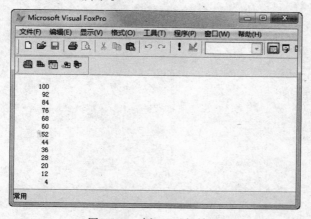

图 5-20　例 14 运行结果

【例 15】使用步长循环 FOR 语句计算 1+2+3+…+100 的累加和。

编写代码如下：

```
SET TALK OFF
CLEAR
S=0
FOR I=1 TO 100
    S=S+I
ENDFOR
?"S=",S
SET TALK ON
RETURN
```

运行该程序，结果如图 5-21 所示。

图 5-21 例 15 运行结果

2. 循环辅助语句

为增加循环结构执行的灵活性，系统为循环结构提供了两条辅助语句：EXIT 和 LOOP 语句。

EXIT 为退出语句，即遇到此语句立即跳出循环而无需判断条件。

LOOP 为短路语句，即遇到此语句直接返回 FOR 语句或 DO WHILE 语句，而不必执行 ENDFOR 语句或 ENDDO 语句。下面的例子说明了两条语句的用法。

【例 16】求 100 以内 7 的倍数的自然数之和，当和大于 100 时显示它们的和及最后一个自然数。

编写代码如下：

```
SET TALK OFF
CLEAR
S=0
FOR I=1 TO 100
    IF MOD(I,7)<>0
        LOOP
    ENDIF
    S=S+I
    IF S>100
        EXIT
    ENDIF
ENDFOR
```

```
??"S=",S,"I=",I
SET TALK ON
RETURN
```

运行该程序，结果如图 5-22 所示。

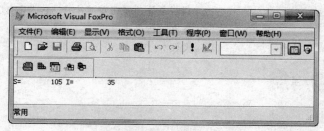

图 5-22 例 16 运行结果

3. 条件循环 DO WHILE…ENDDO 语句

如果需要在某一条件满足时反复执行某一操作，可使用条件循环语句。

格式：

```
DO WHILE <逻辑表达式>
    <语句序列>
ENDDO
```

功能：语句格式中的<逻辑表达式>称为循环条件，<语句序列>称为循环体。语句执行时，首先计算逻辑表达式，若结果为假，则直接执行 ENDDO 语句后面的语句；若结果为真，即执行循环体，遇到 ENDDO 语句时将自动返回 DO WHILE 语句，重新判断循环条件，若为真则继续循环，否则返回循环并执行 ENDDO 后面的语句。条件循环的流程图如图 5-23 所示。

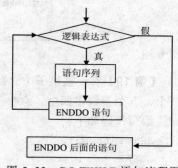

图 5-23 DO WHILE 语句流程图

【例 17】利用条件循环语句，求例题 15 中的 1 到 100 的累加和。

编写代码如下：

```
SET TALK OFF
CLEAR
S=0
N=1
DO WHILE N<=100
    S=S+N
    N=N+1
ENDDO
? "1+2+3+…+100 的值是", S
SET TALK ON
RETURN
```

运行结果省略。

【例 18】设一张纸厚 1 毫米，面积足够大，将这张纸对折多少次后，其厚度可达到 100 米，编程计算对折次数。

编写代码如下：

```
SET TALK OFF
CLEAR
H=1                             &&H 为纸张的起始厚度 1 毫米
N=0                             &&N 为对折次数，开始为 0 次
DO WHILE H<100000               &&判断条件为纸张厚度小于 10 米即 100000 毫米
   H=H*2                        &&每次对折厚度乘 2
   N=N+1                        &&次数加 1
ENDDO
?"共需对折次数为: ",N
SET TALK ON
RETURN
```

运行该程序，结果如图 5-24 所示。

图 5-24 例 18 运行结果

【例 19】有一篮桃子（总数小于 500），两个一数多一个，三个一数多两个，四个一数多三个，五个一数多四个，六个一数多五个，七个一数正好。编程求桃子的数量。

编写代码如下：

```
SET TALK OFF
CLEAR
I=0
DO WHILE I<500                                          &&桃子的数量要小于 500
   IF MOD(I,2)=1 .AND. MOD(I,3)=2 .AND. MOD(I,4)=3 .AND. MOD(I,5)=3 ;
        .AND. MOD(I,6)=5 .AND. MOD(I,7)=0    &&判断符合条件的桃子个数
      ?"篮子里的桃子一共",I,"个"
   ENDIF
   I=I+7
ENDDO
SET TALK ON
RETURN
```

运行该程序，结果如图 5-25 所示。

图 5-25 例 19 运行结果

5.6　循环结构程序设计（二）

1. 扫描循环 SCAN…ENDSCAN 语句

格式：

```
SCAN [<范围>][FOR <逻辑表达式 1>] [WHILE<逻辑表达式 2>]
    <语句序列>
ENDSCAN
```

功能：在当前表指定范围内查找满足条件的记录，若找到，将记录指针指向该记录，然后执行循环体，到达 ENDSCAN 语句时返回循环头，再次查找复合条件的记录，知道在指定范围内找不到满足条件的记录为止。对于 WHILE<条件 2>子句，若下一条记录不满足条件，则停止循环。

SCAN 语句的有关说明：

① <范围>的默认值是 ALL。

② 循环体可以包含 EXIT 和 LOOP 命令。

【例 20】编写程序，从键盘输入一个专业名，在 XSB 中顺序查找并逐条显示该专业学生的信息，若无该专业，则提示"查无此专业"。

编写代码如下：

```
SET TALK OFF
CLEAR
ACCEPT "请输入要查询的专业: " TO ZY
LOCAT FOR 专业=ZY
IF FOUND()
  SCAN FOR 专业=ZY
    DISPLAY
  ENDSCAN
ELSE
  MESSAGEBOX("查无此专业",64+0,"提示")
ENDIF
USE
SET TALK ON
RETURN
```

运行该程序，结果如图 5-26 所示。

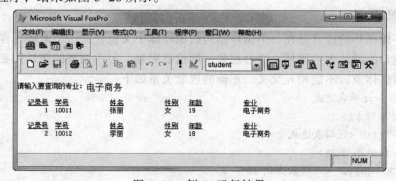

图 5-26　例 20 运行结果

【例21】编程修改数据库 STUDENT 中的 CJ.DBF 表，成绩小于 60 分的增加 20 分，大于等于 60 分的增加 10 分。

编写代码如下：

```
SET TALK OFF
CLEAR
OPEN DATABASE STUDENT
USE CJ
LIST                              &&显示所有记录
GOTO TOP
SCAN                              &&按记录循环
    IF 成绩<60                    &&将成绩字段按条件改变值
        REPLACE 成绩 WITH 成绩+20
    ELSE
        REPLACE 成绩 WITH 成绩+10
    ENDIF
ENDSCAN
LIST                              &&显示改变之后所有记录
CLOSE ALL
SET TALK ON
RETURN
```

运行该程序，结果如图 5-27 所示。

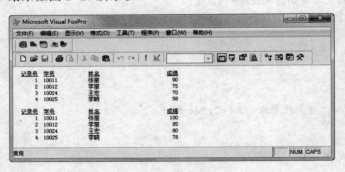

图 5-27　例 21 运行结果

2. 多重循环

多重循环即循环的嵌套是在一个循环结构的循环体中又包含另一个循环。称外层循环为外循环，被包含的循环为内循环。嵌套层数一般没有限制，但内循环的循环体必须完全包含在外循环的循环体重，不能相互交叉。正确的嵌套关系如下：

```
DO WHILE <逻辑表达式 1>
    <语句序列 11>
    DO WHILE <逻辑表达式 2>
        <语句序列 21>
        DO WHILE <逻辑表达式 3>
            <语句序列 3>
```

```
       ENDDO
         <语句序列22>
     ENDDO
       <语句序列12>
ENDDO
```

【例22】编程输出 3~100 之间的所有素数。

编写代码如下：

```
SET TALK OFF
CLEAR
FOR M=3 TO 100 STEP  2           &&所有的偶数肯定不是素数
  N=INT(SQRT(M))
  S=0
  FOR I=3 TO N
    IF  MOD(M,I)=0                &&判断该数能被某个整数整除
        S=1                      &&修改素数标志
        EXIT
    ENDIF
  ENDFOR
    IF S=0
      ??M
    ENDIF
  ENDFOR
SET TALK ON
RETURN
```

运行该程序，结果如图 5-28 所示。

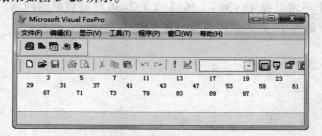

图 5-28　例 22 运行结果

【例23】编程输出如下的图形：

```
        *************
         ***********
          *********
           *******
            *****
             ***
              *
```

编写代码如下：

```
SET TALK OFF
CLEAR
FOR I=1 TO 7                      &&行数共 7 行
    FOR K=1 TO I-1                &&输出每行的空格数
        ??SPACE(1)
    ENDFOR
    FOR J=1 TO 1+2*(7-I)          &&输出每行的"*"号
        ??"*"
    ENDFOR
    ?                            &&换行
ENDFOR
SET TALK ON
RETURN
```

运行该程序，结果如图 5-29 所示。

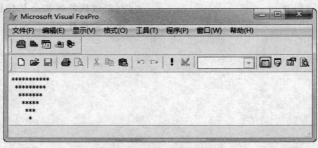

图 5-29 例 23 运行结果

【例 24】趣味编程：36 块砖，36 人搬，男人每次搬 4 块，女人每次搬 3 块，两个小孩抬一块。问：男人、女人、小孩各有多少人。

分析：这是一个不定方程 $4X+3Y+(36-X-Y)/2=36$ 求整数解的问题，X 表示男人，最多 9 人；Y 表示女人，最多 12 人，采用多重循环实现。

编写代码如下：

```
SET TALK OFF
CLEAR
X=1
?"      男        女        小孩"
DO WHILE X<=9
    Y=1
    DO WHILE Y<=12
        IF 4*X+3*Y+(36-X-Y)/2=36
            ?X,Y,36-X-Y
        ENDIF
        Y=Y+1
    ENDDO
    X=X+1
ENDDO
SET TALK ON
```

RETURN

运行该程序，结果如图 5-30 所示。

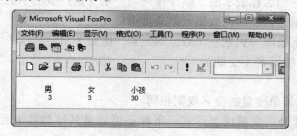

图 5-30　例 24 运行结果

【例 25】计算 1! +2! +3! +…+10! 的和。

编写代码如下：

```
SET TALK OFF
CLEAR
S=0
FOR I=1 TO 10
    M=1
    FOR J=1 TO I
        M=M*J
    ENDFOR
    S=S+M
ENDFOR
? "1! +2! +3! +……+10! =",S
SET TALK ON
RETURN
```

运行该程序，结果如图 5-31 所示。

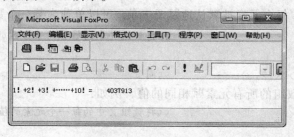

图 5-31　例 25 运行结果

5.7　数组

前面使用的数值型、字符串等数据类型都是简单类型，通过一个命名的变量来存取一个数据。然而在实际应用中往往需要同一性质的成批数据，这时使用简单变量就很不方便。由此引入了数组。数组并不是一种数据类型，而是一组相同类型的变量的集合。

1. 数组的概念

数组是用一个统一的名称表示的、顺序排列的一组变量。数组中的变量称为数组元素，用数字（下标）来标示它们，因此数组元素又称下标变量。

可以用数组名及下表唯一识别一个数组的元素，比如 X(2) 表示名称为 X 的数组中顺序号（下标）为 2 的那个数组元素（变量）。

说明：

① 数组的命名和简单变量的命名规则相同。

② 下标可以是常量、变量或表达式。下标还可以是其他的数组元素，如 Y(X(2))，若 X(2)=10，则 Y(X(2)) 就是 Y(10)。

③ 下标必须是整数，否则将被自动取整（舍去小数部分）。如 A(3.8) 将被视作为 A(3)。

④ 下标的最大值和最小值分别称为数组的上界和下界，数组元素在上下界内是连续的。

2. 数组的定义

（1）声明数组

数组在使用前必须先声明。

格式：

```
{DIMENSION|DECLEAR} <数组名> (<行数> [,<列数>])
```

如 DIMENSION X(2,6) 表示创建一个名为 X，具有 2 行 6 列的数组。

说明：

① 数组下标的起始值为 1。

② 同一数组中的数组元素可以有不同的数据类型。

③ 二维数组中各元素按行的顺序依次排列。

④ 每个数组占用一个内存变量。

⑤ DIMENSION 和 DECLARE 功能完全相同，常用 DIMENSION。如 DIMENSION A(2,3),B(4,8)

（2）数组的赋值

数组在声明之后，每个元素被默认地赋予 .F. 值。可以单独为某一个数组元素赋值，例如：

```
X(2,3)=28                          &&将数组 X 中的第 2 行第 3 列的元素赋值为 28
```

或

```
    STORE 28 TO X(2,3)             &&同上
```

也可以用一个命令为数组的所有元素赋相同的值，例如：

```
X=100                              &&将数组 X 中的每一个元素的值都赋值为 100
```

或

```
STORE 100 TO X                     &&同上
```

【例 26】由计算机随机产生 5 个两位整数，编程输出其中最大数、最小数和这 5 个数的平均值。

分析：产生 5 个随机整数，可以用 RAND() 函数来实现，利用数组对这 5 个整数求最大值、最小值和平均值。

编写代码如下：

```
SET TALK OFF
CLEAR
```

```
DIMENSION A(5)                    &&定义一个有 5 个元素的一维数组
FOR I=1 TO 5
   A(I)=INT(RAND()*90)+10          &&对数组的 5 个元素赋随机值
ENDFOR
??"计算机随机产生的 5 个两位数: "
FOR I=1 TO 5                       &&输出 5 个随机数
   ??STR(A(I),4)
 ENDFOR
?
MIN=100                            &&为最小值赋初值
   MAX=10                          &&为最大值赋初值
   S=0                             &&累加和赋初值
   FOR I=1 TO 5                    &&计算最大值, 最小值和平均值
      IF A(I)>MAX
         MAX=A(I)
      ENDIF
      IF A(I)<MIN
         MIN=A(I)
      ENDIF
      S=S+A(I)
   ENDFOR
   ?"最大数是: ",MAX,"最小数是: ",MIN,"5 个数的平均值是: ",S/5
   SET TALK ON
RETURN
```

运行该程序，结果如图 5-32 所示。

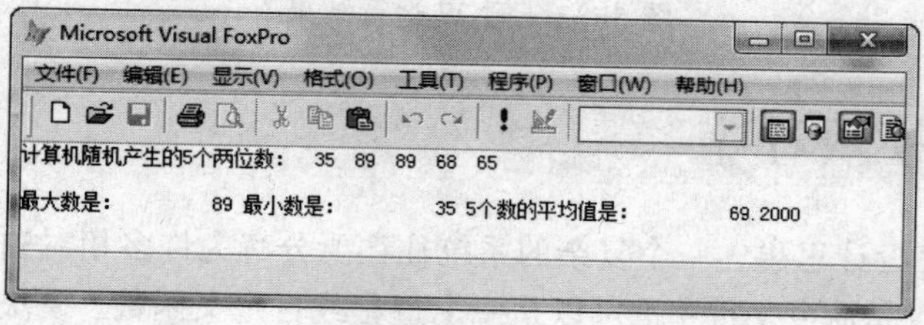

图 5-32 例 26 运行结果

【例 27】编写程序，建立并输出一个 10×10 的矩阵，该矩阵两条对角线元素为 1，其余元素为 0。

分析：由于矩阵由行、列组成，需要双下标才能确定某一元素的位置，因此，使用二维数组来表示该矩阵。设行用 n 表示，列用 m 表示，则主对角线元素即为行与列相等的元素（即 m=n），而次对角线元素的行列下标满足 n=11-m。

编写代码如下：

```
SET TALK OFF
CLEAR
DIMENSION S(10,10)
S=0                                &&为数组的所有元素赋初值 0
FOR n=1 TO 10
```

```
     FOR m=1 TO 10
        IF n=m OR n=11-m              &&为主次对角线元素赋值1
            S(n,m)=1
        ENDIF
     ENDFOR
  ENDFOR
  FOR n=1 TO 10                        &&输出数组
     FOR m=1 TO 10
        ??STR(S(n,m),2)
     ENDFOR
     ?                                 &&换行
  ENDFOR
  SET TALK ON
  RETURN
```

运行该程序，结果如图 5-33 所示。

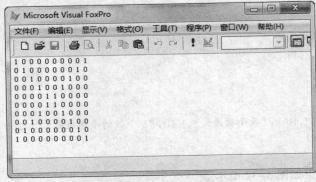

图 5-33   例 27 运行结果

5.8   多模块程序

根据结构化程序设计思想，一个复杂的系统往往要分解为许多相对独立的简单程序，称为"模块"。模块可以是命令文件，也可以是一个过程或自定义函数。模块之间通过调用传递数据和进行联系，从而组成完整的系统。

1. 子程序

通常把被其他模块调用的模块称为子程序，把调用其他模块的模块称为主程序。子程序和主程序是相对的，子程序也可以调用属于它的子程序。

（1）调用与返回

调用子程序的命令就是前面介绍的运行程序的 DO 命令。当主程序运行遇到 DO<子程序名>命令时，执行就转向该子程序，称为调用子程序。子程序执行完成或遇到 RETURN 语句时，就会返回到主程序转出处的下一语句继续执行程序，称为从子程序返回，简称返主。

（2）带参数子程序的调用与返回

DO 命令允许带一个 WITH 子句，用来进行参数传递。

格式：

```
DO <程序名> [WITH <参数表>]
```

<参数表>中的参数可以是常量、变量或表达式，但必须具有初值。因此，这些参数称为实参（实际参数）。

调用子程序时参数表中的参数要传送给子程序，就要求子程序中必须设置相应的参数接收语句。该语句格式如下：

```
PARAMETERS <参数表>
```

功能：指定内存变量以接收 DO 命令发送的参数值，返回时把内存变量值送给调用程序中相应的内存变量。该参数表中的参数称为形参（形式参数）。

说明：

① PARAMETERS 语句必须是被调用程序的第一条可执行语句；

② 命令中的参数被系统默认为私有变量，返回时会送参数值后即被清除；

③ 形参与实参依次对应，它不得比实参少，但若多于实参，多出的形参则被赋予逻辑假。

【例 28】编写根据两个直角边求斜边的子程序，并要求在主程序中带参数调用它。

编写代码如下：

```
SET TALK OFF
CLEAR
C=0
INPUT "请输入直角边A长度： " TO A
INPUT "请输入直角边B长度： " TO B
DO SUB WITH A,B,C
?"C=",C
SET TALK ON
RETURN


*子程序 SUB.PRG
PARAMETERS X,Y,Z
Z=SQRT(X**2+Y**2)
RETURN
```

运行该程序，结果如图 5-34 所示。

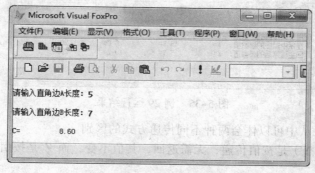

图 5-34　例 28 运行结果

将以上两个程序分别编辑后存盘，运行主程序即可调用子程序 SUB。在调用时将 A、B、C 分别传递给子程序的 X、Y、Z，在子程序中计算出 Z 后，把 Z 的值送回变量 C 中。

（3）参数传递的方式

在带参数调用子程序时，根据实参是否接受子程序执行后的返回值，可分为按值传递和按应用传递（也称按地址传递）两种。当实参为常量或用圆括号括起来的变量时，即为按值传递，这种传递是单向的；如果是一般变量，则按引用传递，这种传递是双向的。

【例 29】编写传递参数的主程序和子程序，分别传递几个参数，通过运行结果观察两种参数传递的方式的区别。

编写代码如下：

```
SET TALK OFF
CLEAR
X=5
Y=10
Z=0
?"调用子程序前的参数值: ","X=",X,"Y=",Y,"Z=",Z
DO SUB WITH X+5,(Y),Z
?"返回主程序后的参数值: ","X=",X,"Y=",Y,"Z=",Z
SET TALK ON
RETURN


*子程序 SUB.PRG
PARAMETERS A,B,C
A=A+5
B=5
C=A+B
?"子程序中对应的参数值: ","A=",A,"B=",B,"C=",C
RETURN
```

运行该程序，结果如图 5-35 所示。

图 5-35　例 29 运行结果

根据运行结果，从中可以体会两种不同传递方式的区别。

其中：X+5 和（Y）是按值传递，无需返回，其值不变，而 Z 是按引用传递，所以又返回值，其值改变。

2. 过程

在调用子程序时，需要把该子程序从磁盘读入内存。如果系统有很多子程序则要反复读磁盘，降低程序的执行效率。为此，在结构化程序设计中引进了"过程"的概念。过程的第一条语句必须是过程声明语句：

```
PROCEDURE <过程名>
```

可以把若干过程组合成一个大的文件，其中的第一个过程为主过程，其余为子过程。把若干过程组合为一个文件后，只需读磁盘一次，就把它所包含的所有过程都读入内存，把外部调用变成内部调用，这将大大提高程序的运行效率。

【例30】将例题28中两个独立的程序改写为一个文件并运行。

编写代码如下：

```
SET TALK OFF
CLEAR
&&主过程
C=0
INPUT "请输入直角边A长度: " TO A
INPUT "请输入直角边B长度: " TO B
DO P1 WITH A,B,C
?"C=",C
SET TALK ON
RETURN
&&子过程
PROCEDURE P1
PARAMETERS X,Y,Z
Z=SQRT(X**2+Y**2)
RETURN
```

运行结果同例28省略。

在面向对象的程序设计中，传统的过程文件已经很少使用。过程的概念也发生了变化。一般把一段程序代码都称为过程，而不必用 PROCEDURE 语句声明。

3. 变量的作用域

（1）公共变量

格式：PUBLIC <变量列表>

功能：是建立公共的内存变量，并为它们赋初值为逻辑假（.F.）。

公共变量是在任何模块中都可以使用的变量。只要建立，一直有效，直到被删除或退出系统。

直接在命令窗口定义的变量都是公共变量。

（2）私有变量

在程序中未事先声明而直接使用的变量称为私有变量。它在程序及其调用的所有下级程序中有效。退出程序时则被删除。

（3）局部变量

格式：LOCAL <变量列表>

功能：是建立局部的内存变量，并为它们赋初值为逻辑假（.T.）。该命令不能缩写，以免与 LOCATE 混淆。

局部变量只能在定义它的模块中使用，在其上层或下层模块中均无效。

【例 31】演示公共变量、私有变量、局部变量及作用域。

编写代码如下：

```
SET TALK OFF
CLEAR
PUBLIC X1
LOCAL X2
STORE 10 TO X1,X2,X3
?"在主程序中…","X1=",X1,"X2=",X2,"X3=",X3
DO P6
SET TALK ON
RETURN

PROCEDURE P6
?"在子程序中…","X1=",X1,"X3=",X3
?"在子程序中…","X2=",X2
RETURN
```

运行该程序，结果如图 5-36 所示。

程序的运行出现了"程序错误"窗口。说明 X1（公共变量）和 X3（私有变量）在主程序和子程序中都有效，而 X2（局部变量）仅在定义它的主程序中有效。表明了不同类型的内存变量有不同的作用域。

（4）隐藏主程序变量的命令

格式：PRIVATE <变量列表名>

功能：将主程序中同名的内存变量暂时隐藏，避免改变其状态。在程序中可以放心使用这些变量名。若应用程序由多个人员同时开发，很可能因变量名相同而造成失误，如果个人将自己所用的变量用 PROIVATE 命令来声明，就能避免发生混淆。

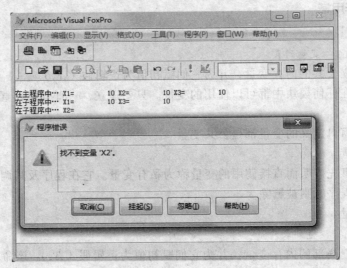

图 5-36　例 31 运行结果

【例 32】变量的隐藏示例。

编写代码如下：

```
SET TALK OFF
CLEAR
V1=10
V2=100
DO P7
?"在主程序中...",V1,V2
SET TALK ON
RETURN
PROCEDURE P7
PRIVATE V1
V1=50
V2=500
?"在子程序中...",V1,V2
RETURN
```

运行该程序，结果如图 5-37 所示。

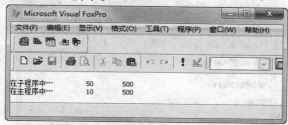

图 5-37　例 32 运行结果

4. 自定义函数

Visual FoxPro 系统提供了丰富的内部函数，这些函数具有不同的功能，能够解决用户遇到的许多问题。但在实际应用中，可能需要一些解决特殊问题的函数。为此，Visual FoxPro 允许用户自定义函数。

自定义函数和过程一样，可以独立的程序文件形式单独存储在磁盘上，也可以放在过程文件或直接放在程序文件中。自定义函数必须用 FUNCTION 语句说明，而且在返回命令 RETURN 中，必须返回一个值作为函数的值。

自定义函数必须以函数说明语句定义。

格式：FUNCTION <函数名>

功能：定义一个自定义函数。函数名的命名规则与过程的命名规则相同。

下面介绍函数返回语句的格式。

格式：RETURN <表达式>

功能：返回表达式的值给函数的调用者。

自定义函数具有如下语法结构：

```
FUNCTION <函数名>
PARAMETER <参数表>
    <函数体命令序列>
```

RETURN <表达式>

自定义函数的调用语法与系统函数的调用语法相同。

【例33】编程用自定义函数计算圆的面积。

编写代码如下：

```
SET TALK OFF
CLEAR
INPUT"请输入圆的半径" TO R
?"圆的面积为: ",AREA(R)
SET TALK ON
RETURN

FUNCTION AREA                    &&计算圆的面积的函数
PARAMETER X                      &&形参说明
RETURN(3.14*X**2)
```

运行该程序，结果如图 5-38 所示。

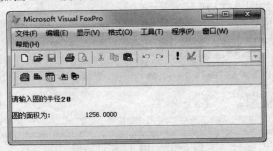

图 5-38   例 33 运行结果

拓展知识

1. 使用命令方式建立或打开修改程序

格式：

```
MODIFY COMMAND [<文件名>]
```

说明：

① 如果命令中给出<文件名>，则在该文件不存在的情况下，会打开以该文件名为标题的程序编辑窗口；如果该文件已存在，则在程序编辑窗口中打开该文件，重新进行编辑修改。

② 如果命令中默认<文件名>，则会打开默认以"程序 1""程序 2"为标题的程序编辑窗口，在保存时，用户应重新为程序文件命名。

③ 如果<文件名>中未给出包含盘符和路径的绝对路径，则默认保存在当前文件中；<文件名>中可以默认程序文件的扩展名，系统会自动加上扩展名.PRG。

2. 程序的调试

（1）调试的概念

编好的程序难免有错，必须反复地检查和改正，直至达到预定设计要求方能投入使用。这个过程称为程序调试。程序调试的目的是检查并纠正程序中的错误，以保证程序的可靠运行。调试通常分 3 步进行：检查程序是否存在错误；确定出错的位置；纠正错误。

调试需要经验，关键在查错，有时查出错误，但难以确定错误的位置，这就无法纠正错误，纠正错误时要掌握程序调试技术和技巧。

（2）程序中的常见错误

程序设计中出现的错误可以分为以下 3 类：

① 语法错误。系统执行命令时都要进行语法检查，不符合语法规定就会提示出错信息，例如命令拼写错、命令格式写错、使用了未定义的变量、数据类型不匹配、操作的文件不存在等。初学者最容易犯的既是此类错误。

② 超出系统允许范围的错误。例如文件太大、嵌套层数超过允许范围等。

③ 逻辑错误。逻辑错误指程序设计的查错，例如计算或处理逻辑有错。此类错误系统无法发现，只能通过运算结果的对比检查来纠正。

（3）查错技术

查错技术可分两类，一类是静态检查，例如阅读程序，从而找出程序中的错误；另一类是动态检查，即通过执行程序来考察执行结果是否与设计要求相符。

Visual FoxPro 还提供了一个称为"调试器"的调试工具，用户可通过调试设置、执行程序和修改程序来完成程序调试。比较简单的程序，一般无须使用"调试器"，复杂的程序则需要使用"调试器"。

3. 三条输入命令的异同

ACCEPT、INPUT 和 WAIT 三条输入命令既有相同之处，又有各自的特点。

3 条命令的执行过程、功能基本相同。执行到这些语句时，程序都暂停运行，在屏幕上显示提示信息，等待用户从键盘输入数据，并将输入的数据赋值给指定的内存变量；如果<内存变量>未定义，将在执行此命令时建立。<内存变量>的类型取决于输入的数据类型。

ACCEPT 命令只能接收字符型数据，不需要定界符，输入完毕按【Enter】键结束；WAIT 命令只能输入单个字符，且不需定界符，输入完毕不需按【Enter】键；INPUT 命令可接收数值型、字符型、逻辑型、日期型和日期时间型数据，数据形式可以是常量、变量、函数和表达式，如果是字符串，需用定界符，输入完毕后按【Enter】键结束。

4. 输入输出专用命令

格式：

@<行，列> [SAY <表达式 1>][GET<变量名>][DEFAULT<表达式 2>]

命令说明：在屏幕的指定行列输出 SAY 子句的表达式的值，并可修改 GET 子句的变量值。

① <行，列>表示数据在窗口中显示的位置。

② SAY 子句用来输出数据。

③ GET 子句用来输入或编辑数据，GET 子句的变量必须用 READ 命令来激活。

技能操作

1. 输入两个任意数 A、B，将两个数交换并输出

程序分析：根据题目分析得出需要输入两个数值型变量 A 和 B，需要借助中间变量对两

数进行交换，交换后将两个数输出。

编写代码如下：

```
SET TALK OFF
CLEAR
INPUT "请输入变量 A 的值: " TO A        &&输入变量 A、B 的值
INPUT "请输入变量 B 的值: " TO B
?"交换前 A="+A+SPACE(5)+"B="+B          &&输出交换前两数的值
C=A                                    &&交换 A、B 两数
A=B
B=C
?"交换后 A="+A+SPACE(5)+"B="+B          &&输出交换后两数的值
SET TALK ON
RETURN
```

运行该程序，结果如图 5-39 所示。

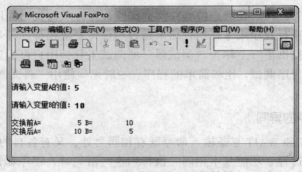

图 5-39　技能训练一运行结果

2. 某百货公司为了促销，采用购物打折扣的优惠办法，每位顾客一次购物

（1）1000 元以下，没有优惠。

（2）在 1000 元以上者，按九五折优惠。

（3）在 2000 元以上者，按九折优惠。

（4）在 3000 元以上者，按八五折优惠。

（5）在 5000 元以上者，按八折优惠。

编写程序，输入购物款数，计算并输出优惠价

程序分析：根据题意需要输入购物的款数，然后使用多分支 DO CASE 语句判断优惠的折扣率，根据折扣计算并输入优惠价。

编写代码如下：

```
SET TALK OFF
CLEAR
INPUT"请输入所购商品总金额: "TO X      &&输入所购商品总金额
DO CASE
    CASE X<1000
    Y=1                                &&通过 CASE 语句计算折扣率 Y
    CASE X<2000
    Y=0.95
    CASE X<3000
    Y=0.9
```

```
    CASE X<5000
    Y=0.85
    OTHERWISE
    Y=0.8
ENDCASE
PRICE=X*Y                              &&计算折扣后价格 PRICE
?"折扣率",y,"优惠后应付: ",PRICE,"元"
SET TALK ON
RETURN
```
运行该程序，结果如图 5-40 所示。

图 5-40 技能训练二运行结果

3. 输入一个正整数，判断该数是否素数

程序分析：所谓"素数"，是指除了 1 和该数本身，不能被任何整数整除的数。判断一个自然数 $n(n \geq 3)$ 是否素数，只要依次用 $2 \sim \sqrt{n}$ 做除数去除 n，若 n 不能被其中任何一个数整除，则 n 即为素数。

编写代码如下：
```
SET TALK OFF
CLEAR
INPUT "请从键盘输入一个数: " TO N
S=0                                    &&设立素数标志
I=2
DO WHILE I<=SQRT(N)
    IF  N%I=0                          &&判断该数能被某个整数整除
        S=1                            &&修改素数标志
        EXIT
    ELSE
        I=I+1                          &&测试下一个数
    ENDIF
ENDDO
IF S=0
  ?N,"是一个素数"
ELSE
  ?N,"不是一个素数"
SET TALK ON
RETURN
```
运行该程序，结果如图 5-41 所示。

图 5-41 技能训练三运行结果

4. 编程输出乘法口诀表

程序分析：输出乘法口诀表，需要使用双重循环控制完成，外层循环控制循环行数 1～9，内层循环控制列数 1～行号结束。

编写代码如下：

```
SET TALK OFF
CLEAR
FOR X=1 TO 9                              &&外层循环代表行数1-9
    FOR Y=1 TO X                          &&内层循环代表列数1-X
      S=X*Y                               &&计算行列的成绩
      ??STR(Y,1)+"*"+STR(X,1)+"="+STR(S,2)+"    "    &&输出
    ENDFOR
        ?                                 &&换行
ENDFOR
SET TALK ON
RETURN
```

运行该程序，结果如图 5-42 所示。

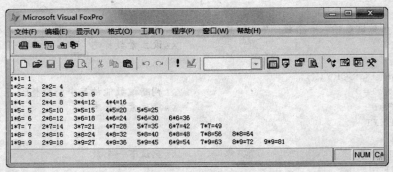

图 5-42 技能训练四运行结果

5. 编程求斐波那契数列的前 40 项

要求：数列的第 1 项是 1，第 2 项也是 1，从第三项开始每一项是前两项之和。

程序分析：求斐波那契数列的前 40 项需要使用数组，将数组的第 1 项和第 2 项复制，从第 3 项开始使用循环语句依次计算。

编写代码如下：

```
SET TALK OFF
CLEAR
```

```
DIMENSION F(40)                    &&定义一个数组有 40 个元素
F(1)=1                             &&给数组的第 1 个元素赋值 1
F(2)=1                             &&给数组的第 2 个元素赋值 1
FOR I=3 TO 40
  F(I)=F(I-1)+F(I-2)              &&为数组其他元素赋值
ENDFOR
FOR I=1 TO 40                      &&输出数组
  ??F(I)
ENDFOR
SET TALK ON
RETURN
```

运行该程序，结果如图 5-43 所示。

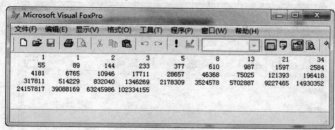

图 5-43　技能训练五运行结果

6. 使用过程实现 $A!+B!+C!$，其中 A、B、C 由键盘输入

程序分析：将求 $n!$ 定义为子过程，然后调用该子过程分别求得 $A!$、$B!$ 和 $C!$，累加输出。
编写代码如下：

```
SET TALK OFF
CLEAR
INPUT "A=" TO A            &&输入 A,B,C
INPUT "B=" TO B
INPUT "C=" TO C
S=0                        &&S 为累加和
P=A                        &&P 为传递的参数
PS=1                       &&PS 为累乘积
DO P1 WITH P,PS            &&调用子过程计算 A 的阶乘
S=S+PS                     &&将 A 的阶乘计入到累加和 S 中
P=B
PS=1
DO P1 WITH P,PS            &&调用子过程计算 B 的阶乘
S=S+PS                     &&将 B 的阶乘计入到累加和 S 中
P=C
PS=1
DO P1 WITH P,PS            &&调用子过程计算 C 的阶乘
S=S+PS                     &&将 C 的阶乘计入到累加和 S 中
?STR(A,3)+"!"+ STR(B,3)+"!"+ STR(C,3)+"!="+STR(S)   &&输出累加和 S
SET TALK ON
RETURN
```

```
&&子过程
PROCEDURE P1
PARAMETERS P,PS
PS=1
FOR I=1 TO P
    PS=PS*I
ENDFOR
RETURN
```

运行该程序，结果如图 5-44 所示。

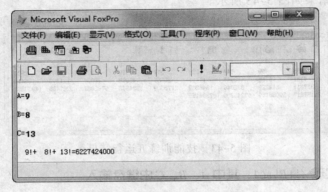

图 5-44 技能训练六运行结果

本章小结

　　本章介绍了 Visual FoxPro 程序设计的基础知识。3 种基本程序结构是本章的重点。无论多复杂的程序，都由顺序结构、选择结构和循环结构组成，因此，熟练掌握这 3 种基本结构的语法格式、执行逻辑和使用方法是学习程序设计的"基本功"。需要特别注意的是：选择结构和循环结构的语句必须成对出现，如果缺少某一语句，则会出现语法错误。

　　根据结构化程序设计思想，一个应用系统需要逐层分解为许多相对独立的模块，通过相互调用连接成完整的系统。被调用的程序叫子程序，调用程序为主程序，它们之间有时是相对的。需要掌握调用命令和返回命令的使用方法，特别要掌握带参数调用的语法格式和要求。

　　用户自定义的内存变量，按其作用域大小，可分为公共变量、私有变量和局部变量 3 种。要掌握它们的定义和声明语句，同时应掌握隐藏主程序变量的 PRIVATE 命令。

思考与练习

一、填空题

1. Visual Foxpro 中程序控制分为＿＿＿＿＿＿、＿＿＿＿＿＿、＿＿＿＿＿＿3 种。

2. 常用的循环语句有＿＿＿＿＿＿、＿＿＿＿＿＿和＿＿＿＿＿＿。

3. 在 DO WHILE…ENDDO 结构中可以用＿＿＿＿＿＿语句直接跳到 DO WHILE 开始处继续循环，可以用_____语句直接跳到 ENDDO 后即退出循环。

4. 常用的选择语句有_____语句和_____语句。

5. 过程是一个子程序，以_____语句开始，调用过程使用命令_____。

二、选择题

1. 在 Visual FoxPro 环境下，执行程序文件 exp.prg 可以在命令窗口中输入命令（　　　）。
   A. DO exp　　　　　B. exp.prg　　　　　C. exp.exe　　　　　D. DO exp.exe

2. 在 FOR…ENDFOR 循环结构中，如省略步长则系统默认步长为（　　　）。
   A. 0　　　　　　　　B. -1　　　　　　　　C. 1　　　　　　　　D. 2

3. 在 DO WHILE 循环中，若循环条件设置为.T.，则下列说法正确的是（　　　）。
   A. 程序一定出现死循环
   B. 程序不会出现死循环
   C. 在语句组中设置 EXIT 防止出现死循环
   D. 在语句组中设置 LOOP 防止出现死循环

4. 循环结构中 EXIT 语句的功能是（　　　）。
   A. 放弃本次循环，重新执行该循环结构　　　B. 放弃本次循环，进入下次循环
   C. 退出循环，执行循环结构的下一条语句　　　D. 退出循环，结束程序的运行

5. 以下关于循环的叙述正确的有（　　　）。
   A. 循环语句的入口语句与出口语句必须配对出现
   B. 循环体可以为空
   C. 3 种循环语句各有分工，不能相互转换
   D. 循环体的执行次数不能也不可能为 0 次

6. 设有下列程序段：
   1　DO WHILE　　〈逻辑表达式 1〉
   2　DO WHILE　　〈逻辑表达式 2〉
   3　ENDDO 2
   4　EXIT
   5　ENDDO 1
   则执行到 EXIT 语句时，将执行（　　　）。
   A. 第 1 行　　　　　　　　　　　B. 第 3 行的下一条语句
   C. 第 2 行　　　　　　　　　　　D. 第 5 行的下一条语句

7. 以下循环共执行了（　　　）次。
   ```
   FOR I=1 TO 10
       ? I
       I=I+1
   ENDFOR
   ```
   A. 10　　　　　　　B. 5　　　　　　　C. 0　　　　　　　D. 语法错

8. 阅读程序，正确的运行结果是（　　　）。
   ```
   DO WHILE NOT EOF()
       LOCATE FOR XB="男"
   ```

```
       DISPLAY
       CONTINUE
    ENDDO
```

A. 程序出错

B. 屏幕上显示 STUDENT.DBF 数据库中所有性别为男的记录

C. 屏幕上显示 STUDENT.DBF 数据库中所有的记录

D. 程序死循环，屏幕上一直显示 STUDENT.DBF 数据库的第一条性别为男的记录

9. 正确地编辑并运行了一个 Visual Foxpro 程序文件后，在程序所在文件夹会发现有（　　　）个主名相同的文件。它们的扩展名分别是（　　　）。

A. 3个文件，它们的扩展名分别是.DBF、.FPT、.BAK

B. 1个源程序文件，即.PRG

C. 3个文件，它们的扩展名分别是.PRG、.FXP、.BAK

D. 1个目标程序文件，即.FXP

三、写出下列程序的运行结果

```
1.  SET TALK OFF
    CLEAR
    X1=4
    ?
    DO WHILE X1>=1
        X2=1
        DO WHILE X2<X1
            ??X2*X1
            X2=X2+1
        ENDDO
        ?
        X1=X1-1
    ENDDO
    SET TALK ON
    RETURN
    程序运行结果为_____。
2.  SET TALK OFF
    CLEAR
    STORE 1 TO X, Y
    DO WHILE X<101
        X=X+1
        IF MOD(X,3)=0
            LOOP
        ENDIF
        Y=Y+1
    ENDDO
    ? "Y="
```

```
   ??STR(Y,2)
   SET TALK ON
   RETURN
   程序运行结果为_____。
3. SET TALK OFF
   CLEAR
   S=0
   N=1
   K=1
   DO WHILE K<=10
       IF INT(K/2)=K/2
          S=S+K
       ELSE
          N=N*K
       ENDIF
       K=K+1
   ENDDO
   ?"S=",S
   ?"N=",N
   SET TALK ON
   RETURN
   程序运行结果为_____。
4. SET TALK OFF
   CLEAR
   ACCEPT "请输入一字符串: " TO X
   I=1
   S=""
   DO WHILE I<LEN(X)
       S=SUBSTR(X, I, 1)+S
       I=I+1
   ENDDO
   ?"X=", UPPER(X)
   ?"S=", LOWER(S)
   SET TALK ON
   RETURN
   程序运行结果为_____。
5. SET TALK OFF
   CLEAR
   P=0
   Q=100
   DO WHILE Q>P
     P=P+Q
     Q=Q-10
   ENDDO
```

```
?P
SET TALK ON
RETURN
```

程序运行结果为＿＿＿＿＿＿＿＿＿＿＿＿＿＿＿＿＿。

四、程序填空题

1. 完成下面程序，计算 1+3+5+…+99 之和的程序。

```
SET TALK OFF
＿＿＿＿＿＿＿＿
FOR I=1 TO 99＿＿＿＿＿＿
    S=S+I
ENDFOR
?"结果=",＿＿＿＿＿＿
SET TALK ON
 RETURN
```

2. 给定年号与月份，编写程序判断该年是否是闰年，并根据给出的月份来判断该月有多少天。

```
SET TALK OFF
CLEAR
INPUT "请输入年号: " TO Y
INPUT "请输入月号: " TO M
IF Y%4=0 AND Y%100<>0 OR Y%400=0
LYEAR=.T.
? '是闰年'
ELSE
LYEAR=＿＿＿＿＿＿
? '不是闰年'
ENDIF
N=M%7
DO CASE
CASE M=2
IF LYEAR
 DAYS=29
ELSE
 DAYS=28
ENDIF
CASE M=7 OR ＿＿＿＿＿
DAYS=31
CASE N%2＿＿＿＿＿
DAYS=30
ENDCASE
? STR(Y,4)+'年'+IIF(LYEAR,"是","不是")+"闰年, "
? STR(M,2)+'月份有'+STR(DAYS,2)+'天'
SET TALK ON
```

3. 在 XSDB.DBF 数据表中查找学生王迪，如果找到，则显示：学号、姓名、英语、生年月日，否则提示"查无此人！"。

```
SET TALK OFF
_____
XM="王迪"
_____姓名=XM
IF FOUN()
_____学号，姓名，英语，生年月日
ELSE
   ? "查无此人！"
ENDIF
USE
SET TALK ON
RETURN
```

4. 下面程序根据 XSDB.DBF 数据表中的计算机和英语成绩对奖学金做相应调整：双科90分以上（包括90）的每人增加30元；双科75分以上（包括75）的每人增加20元；其他人增加10元。

```
SET TALK OFF
USE XSDB
DO WHILE _____
DO CASE
CASE 计算机>=90.AND.英语>=90
   REPLACE 奖学金 WITH 奖学金+30
CASE 计算机>=75.AND.英语>=75
   REPLACE 奖学金 WITH 奖学金+20
_____
   REPLACE 奖学金 WITH 奖学金+10
ENDCASE
_____
ENDDO
SET TALK ON
RETURN
```

5. 通过循环程序输出图形。

```
      1
     321
    54321
   7654321
SET TALK OFF
FOR N=1 TO 4
   _____
   FOR M=1 TO _____
      ?? " "
   ENDFOR
```

```
    FOR M=1 TO 2*N-1
      ?? STR(_____,1)
    ENDFOR
  ENDFOR
  SET TALK ON
  RETURN
```

五、程序改错题

1. 在 XSDB.DBF 表中统计法律和中文两个系的总人数和奖学金总额。程序中有两处错误，请改正。

```
SET TALK OFF
USE XSDB
STORE 0 TO R,S
DO WHILE .T.
  IF 系别="法律".AND.系别="中文"
    STORE S+奖学金 TO S
    R=R+1
  ENDIF
  SKIP
  IF .NOT.FOUN()
    EXIT
  ENDIF
ENDDO
?S, R
USE
SET TALK ON
RETURN
```

2. 程序输入两个任意整数，求最小公倍数，并显示输出。程序中有 3 处错误，请改正。

```
SET TALK OFF
INPUT " X=" TO X
INPUT " Y=" TO Y
MAX=X
IF Y>X
    MAX=Y
ENDFOR
A=MAX
DO WHILE A<=X*Y
   IF INT(A/X)=A/X AND INT(A/Y)=A/Y
        LOOP
   ENDIF
   A=A+MAX
ENDDO
? " 最小公倍数为", X
```

```
SET TALK ON
RETURN
```

3. 从键盘上输入 5 个数, 统计其中奇数的个数。程序中有 3 处错误, 请改正。
```
SET TALK OFF
A=0
FOR J=1 TO 5
    ACCEPT "请输入第"+STR(J,2)+ "数" TO M
    IF INT(M/2)=M/2
        A=A+1
    ENDIF
ENDFOR
?奇数个数是,A
SET TALK ON
RETURN
```

4. 从键盘输入一串汉字, 将它逆向输出, 并在每个汉字中间加一个 "*" 号。例如, 输入 "计算机考试", 应输出 "试*考*机*算*计"。
```
SET TALK OFF
ACCEPT TO A
DO N=2 TO LEN(A)
    ?? SUBSTR(A,LEN(A)-N,2)
    IF N#LEN(A)
        ? "*"
    ENDIF
ENDFOR
SET TALK ON
RETURN
```

5. 计算并显示输出数列 1,-1/2,1/4, -1/8, 1/16 … 的前 10 项之和。
```
SET TALK OFF
CLEAR
Y=0
STORE 1 TO I,C
DO WHILE I<=10
Y=Y+(-1)^(C+1)/I
I=-I*2
C=C+1
ENDIF
? "数列前 10 项之和为:",Y
SET TALK ON
RETURN
```

六、程序设计题

1. 编写计算电费程序, 其收费标准为: 10 度以内每度电 0.5 元; 超过 10 度时, 超过部分每度电 1 元。

2. 现有大、中、小 3 种鱼。大鱼每条 5 元，中鱼每条 3 元，小鱼每 5 条 1 元。要使 100 元正好买 100 条鱼，编程求大、中、小的鱼数。

3. 设有一个学生成绩库 CJ.DBF，该库文件有学号、姓名、数学、英语、操作系统、FoxPro、总分、平均分 8 个字段，前两个字段为 C 型，其他为 N 型，除总分、平均分两个字段外，其他字段均有数据，编写程序完成下列任务：

(1) 计算总分和平均分。

(2) 统计各单科平均成绩及单科不及格人数。

(3) 按总分排出学生名次。

(4) 统计一科、二科、三科、四科不及格的人数，并列出学生的学号、姓名和不及格的科目和分数。

4. 输入一个整数，判断它能否被 3、5、7 整除，并输出以下信息之一：

能同时被 3、5、7 整除；

能被其中两个数（要指出哪两个）整除；

能被其中一个数（要指出哪一个）整除；

不能被 3，5，7 任一个整除。

5. 有 1 020 个西瓜，第一天卖一半多两个，以后每天卖剩下的一半多两个，问几天后可以卖完。

6. 猴子吃桃问题。猴子第一天摘下若干个桃子，当即吃了一半，还不过瘾，又多吃了一个。第二天早上又将剩下的桃子吃掉一半，又多吃了一个。以后每天早上都吃了前一天剩下的一半零一个。到第 10 天早上想再吃时，见只剩一个桃子。求第一天共摘了多少桃子。

在得到正确结果后，修改题目，改为猴子每天吃了前一天剩下的一半后，再吃两个。请修改程序并运行，检查结果是否正确。

第6章

→ 关系数据库标准语言 SQL

结构化查询语言（SQL）是关系数据库的标准语言。尽管 Visual FoxPro 提供了查询语句，然而在许多时候这种查询并不太方便，甚至需要用户对数据库进行一系列处理才能达到目的。由于 SQL 具有功能强大、使用方便灵活、语言简单易学等优点，目前几乎所有的关系数据库软件都支持 SQL。

知识目标：

- 掌握 SQL 查询的基本概念和基本查询命令形式；
- 运用 SELECT 语句完成简单查询、连接查询、嵌套查询、简单的计算查询等操作；
- 熟练运用 INSERT、DELETE 和 UPDATE 语句添加、删除和更新记录；
- 熟练运用 CREATE TABLE、ALTER TABLE 和 DROP TABLE 语句完成表的创建、修改和删除。

6.1　SQL 概述与数据定义

1. 概述

SQL（Structured Query Language，结构化查询语言）具有综合的、通用的、功能强大而又简单易学的特点，早在 1987 年就被国际标准化组织 ISO 批准为关系型数据库国际标准，是数据库的通用语言。

SQL 是一种非过程化语言。它的大多数语句是可独立执行的，可用来完成一个独立的操作，与上下语句无关。不能简单地从字面上将 SQL 理解为仅限于查询功能。实际上它由数据定义语言、数据操纵语言、数据控制语言 3 部分组成。

在前面的章节中，我们有意识地向读者介绍了一些 SQL 对数据的定义和操纵命令，其目的是为本章的学习奠定一定的基础。本章，我们将讲解数据定义、数据更新和数据查询，其中数据查询是重点内容。

2. 数据定义

SQL 的数据定义包括表的定义、表结构的修改、表的删除 3 种操作。

（1）表的定义

SQL 语言使用 CREATE TABLE 语句来定义表，格式如下：

CREATE　TABLE　<表名>（<列名><数据类型>[列级完整性约束条件],

<列名><数据类型>[列级完整性约束条件]]...

[,<表级完整性约束条件>]）；

表名：要建立表的名字。

例如，建立一个 Student 表，由学号 Sno、姓名 Sname、性别 Ssex、年龄 Sage、所在系部 Sdept、联系方式 Stel 六个属性组成。其中学号不能为空值，值是唯一的。

在命令窗口输入下列命令：

```
CREATE TABLE Student
(学号 CHAR(12) NOT NULL UNIQUE,
姓名 CHAR(10),
性别 CHAR(2),
年龄 INT,
专业 CHAR(16),
联系方式 CHAR(11));
```

（2）表结构的修改

随着需求不断的变化，需要经常修改已经建立好的表，SQL 语言使用 ALTER TABLE 语句修改基本表，一般格式为：

```
ALTER TABLE <表名>
[ADD <新列名> <数据类型>[完整性约束]]
[DROP<完整性约束名>]
[MODIFY <列名> <数据类型>];
```

表名：是要进行修改的基本表。

ADD 子句:增加新的列和完整性约束条件。

DROP 子句：删除指定的完整性约束条件。

MODIFY 子句：修改原有的列定义，修改列名和数据类型。

例如，向 Student 表增加"身份证号码"列，数据类型为字符型。

```
ALTER TABLE Student ADD 身份证号码 CHAR(18);
```

注意：无论表中原来是否有数据，新增加的列一律为空值。

例如，删除学号必须取值唯一的约束，`ALTER TABLE Student DROP UNIQUE(学号);`

（3）表的删除

表不需要时，就可以使用 DROP TABLE 语句删除它。一般格式为：

```
DROP TABLE <表名>
```

例如，删除 Student 表，`DROP TABLE Student`

注意：表的定义一旦被删除，表中的数据、表上建立的索引和视图都将自动被删除，因此一定要小心操作。

6.2 数据更新

在数据库系统的运行过程中，数据库中的数据在不断地进行更新。数据更新包括插入数据、修改数据和删除数据。

（1）插入数据

插入数据的命令格式：

INSERT INTO<表名>[(字段名1[,字段名2…])] VALUES (表达式1[,表达式2…])

例如，给学生表添加一条记录，在命令窗口输入下列命令：

INSERT INTO student (学号,姓名,性别,出生日期,专业,联系方式)
VALUES("201201621003"," 刘 永 琦 "," 男 ",{^1993-06-018}," 软 件 技 术
","13997855543");

（2）修改数据

修改数据是修改指定表中满足条件的记录。

命令格式为：

UPDATE <表名>
SET <字段名1>=<表达式1>[,<字段名2>=<表达式2>]…
[WHERE<条件>]

例如，将 student 表学号为"201201620101"的学生联系方式改为"18686861234"。在命令
窗口输入：

UPDATE student SET 联系方式=" 18686861234" WHERE 学号=" 201201620101";

例如，将机电系同学的考试成绩加2分，在命令窗口输入：

UPDATE score SET 成绩=成绩+2 WHERE student.专业="软件技术";

（3）删除数据

删除语句命令格式为：

DELETE FROM <表名> [WHERE<条件>]

例如，删除学号为"201201010629"学生的记录，在命令窗口输入：

DELETE FROM student WHERE 学号="201201010629";

例如，删除所有学生记录。在命令窗口输入：

DELETE
FROM student;

将 student 表变为空表。

例如，删除机电系所有学生考试记录，在命令窗口输入：

DELETE FROM score
WHERE "软件技术"=
(SELECT 专业 FROM student
WHERE student.学号=score.学号);

6.3　数据查询

1. SQL 的查询功能

数据库的查询是数据库的核心操作，SQL 语言提供了 SELECT 语句进行数据库的查询，
SELECT 语句有着非常灵活的使用方式和丰富的功能。

SQL 查询命令的一般格式：

SELECT [ALL|DISTINCT] <目标列表达式>[,<目标列表达式>]…
FROM <表名或视图名>[,<表名或视图名>]…
[WHERE <条件表达式>]
[GROUP BY <分组列名>[HAVING<条件表达式>]]

```
[ORDER BY<排序字段>][ASC|DESC];
…
```

整个 SELECT 语句的含义是根据 WHERE 字句的条件表达式，从 FROM 子句指定的基本表或视图中找出满足条件的元组，再按 SELECT 子句中的目标列表达式，选出元组中的属性值形成结果表。如果有 GROUP BY 子句，则将结果按分组列名的值进行排序，如果还带有 HAVING 短语，则只有满足条件的元组才能输出。如果有 ORDER BY 子句，则结果还要按排序字段的值进行升序或降序的排列。

2. **简单查询**

简单查询一般是指仅仅涉及一个表的查询，通常分为多种情况，现在通过实例来介绍一下。

（1）查询输出全部列

将表中的所有属性列都选出来，可以有两种方法实现。一种是在 SELECT 关键字后面列出所有的列名，另一种方式是可以将<目标列表达式>指定为*。

【例 1】查询全体学生的详细记录。

使用第一种方式：`SELECT 学号，姓名，性别，出生日期，专业，联系方式 FROM Student;`

使用第二种方式：`SELECT * FROM Student;`

查询结果如图 6-1 所示。

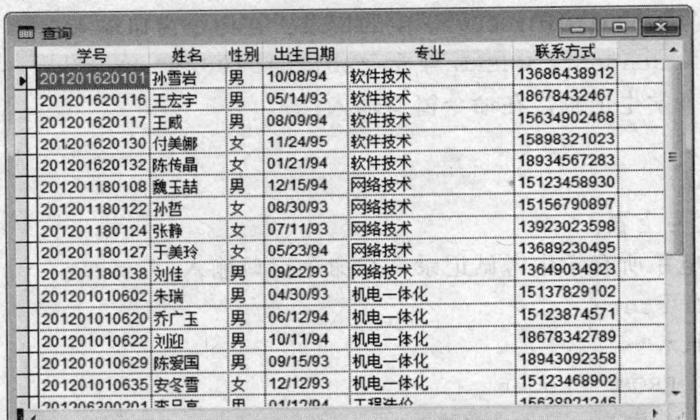

学号	姓名	性别	出生日期	专业	联系方式
201201620101	孙雪岩	男	10/08/94	软件技术	13686438912
201201620116	王宏宇	男	05/14/93	软件技术	18678432467
201201620117	王威	男	08/09/94	软件技术	15634902468
201201620130	付美娜	女	11/24/95	软件技术	15898321023
201201620132	陈传晶	女	01/21/94	软件技术	18934567283
201201180108	魏玉喆	男	12/15/94	网络技术	15123458930
201201180122	孙哲	女	08/30/93	网络技术	15156790897
201201180124	张静	女	07/11/93	网络技术	13923023598
201201180127	于美玲	女	05/23/94	网络技术	13689230495
201201180138	刘佳	男	09/22/93	网络技术	13649034923
201201010602	朱瑞	男	04/30/93	机电一体化	15137829102
201201010620	乔广玉	男	06/12/94	机电一体化	15123874571
201201010622	刘迎	男	10/11/94	机电一体化	18678342789
201201010629	陈爱国	男	09/15/93	机电一体化	18943092358
201201010635	安冬雪	女	12/12/93	机电一体化	15123468902

图 6-1　例 1 查询结果

注意：在 Visual Foxpro 中，将回车键解释为一条语句的结束，在整个语句结束前只能连续写，不能回车换行。

（2）查询输出指定列

在实际需求中，很多情况下，用户只是对表中的一部分属性列感兴趣，这时可以通过在 SELECT 子句的<目标列表达式>中指定要查询的属性。

【例 2】查询全体学生的学号和姓名。

```
SELECT 学号，姓名
FROM  Student;
```

查询结果如图 6-2 所示。

（3）查询经过计算的值

SELECT 子句的<目标列表达式>不仅可以是表中的属性列，也可以是表达式。

【例3】查询全体学生的姓名和入学年龄。

由于 student 表中没有入学年龄属性列，但是经过分析可知入学年龄属性列可以由入学时间减去出生日期表达式计算得出。具体实现如下：

```
SELECT 姓名,INT （（{^2012-09-01}-出生日期)/365) 入学年龄
FROM Student;
```

查询结果如图 6-3 所示。

图 6-2　例 2 查询结果

图 6-3　例 3 查询结果

（4）查询满足条件的元组

查询满足指定条件的元组可以通过 WHERE 子句实现。WHERE 子句常用的查询条件如表 6-1 所示。

表 6-1　常用的查询条件

查询条件	谓　　词
比较	=, >, <, >=, <=, !=, <>, !>, !<
确定范围	BETWEEN AND, NOT BETWEEN AND
确定集合	IN ，　NOT IN
字符匹配	LIKE ，　NOT　LIKE
空值	IS NULL，　IS NOT NULL
多重条件	AND ，OR

①　比较大小。用于进行比较的运算符一般包括=（等于）、>（大于）、<（小于）、>=（大于等于）、<=（小于等于）、!=（不等于）、<>（不等于）。

【例4】查询网络技术专业全体学生的名单。

```
SELECT 姓名
FROM Student
```

```
WHERE 专业="网络技术" ;
```
查询结果如图 6-4 所示。

【例 5】查询所男同学的姓名和联系方式。
```
SELECT 姓名, 联系方式
FROM Student
WHERE 性别='男';
```
查询结果如图 6-5 所示。

图 6-4　例 4 查询结果

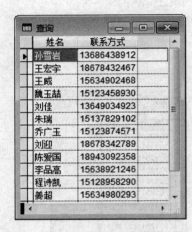

图 6-5　例 5 查询结果

【例 6】查询考试成绩不及格学生的学号。
```
SELECT DISTINCT 学号
FROM score
WHERE 成绩<60;
```
或者
```
SELECT DISTINCT 学号
FROM score
WHERE NOT 成绩>=60;
```
查询结果如图 6-6 所示。

注意：使用 DISTINCT 短语，可以去除结果表中的重复行。本例查询不及格学生学号，当一个学生有多门课程不及格时，他的学号仅显示一次。

② 确定范围。谓词 BETWEEN…AND…和 NOT BETWEEN…AND…可以用来查找属性值不在指定范围内的元组，其中 BETWEEN 后边是范围的下限，AND 后是范围的上限。

【例 7】查询出生日期在 1993 年 5 月 1 日和 1994 年 10 月 1 日之间的学生的姓名和联系方式及出生日期。
```
SELECT 姓名,联系方式, 出生日期
FROM Student
WHERE 出生日期 BETWEEN {^1993.05.01} AND {^1994.10.01};
```
查询结果如图 6-7 所示。

图 6-6 例 6 查询结果

姓名	联系方式	出生日期
王宏宇	18678432467	05/14/93
王威	15634902468	08/09/94
陈传晶	18934567283	01/21/94
孙哲	15156790897	08/30/93
张静	13923023598	07/11/93
于美玲	13689230495	05/23/94
刘佳	13649034923	09/22/93
乔广玉	15123874571	06/12/94
陈爱国	18943092358	09/15/93
安冬雪	15123468902	12/12/93
李品高	15638921246	01/12/94
姜超	15634980293	05/06/94
于淼	15139010295	06/11/93
高婷婷	15930928191	08/15/94
刘天谋	18698014667	03/18/94

图 6-7 例 7 查询结果

③ 确定集合。谓词 IN 可以用来查找属性值属于指定集合的元组。

【例 8】查询机电一体化专业和会计电算化专业的学号和姓名。

SELECT 学号,姓名
FROM Student
WHERE 专业 IN ('机电一体化','会计电算化');

查询结果如图 6-8 所示。

④ 字符匹配。谓词 LIKE 可以用来匹配字符串。格式如下:

[NOT] LIKE '<匹配串>'相匹配的元组

匹配串可以是一个字符串,也可以含有通配符%和_。

%(百分号)代表任意长度的字符串。例如 a%b 表示以 a 开头、以 b 结尾的任意长度的字符串。
_(下画线)代表任意单个字符。

【例 9】查询学号为 201202160117 学生的详细情况。

SELECT * FROM Student
WHERE 学号 LIKE '201202160117';

查询结果如图 6-9 所示。

学号	姓名
201201010602	朱瑞
201201010620	乔广玉
201201010622	刘迎
201201010629	陈爱国
201201010635	安冬雪
201202160103	刘天谋
201202160108	李童
201202160113	赵可新
201202160117	朱爽
201202160126	方亚楠

图 6-8 例 8 查询结果

学号	姓名	性别	出生日期	专业	联系方式
201202160117	朱爽	女	11/04/93	会计电算化	18934538904

图 6-9 例 9 查询结果

【例 10】查询所有姓李学生的姓名、性别。

```
SELECT 姓名,性别
FROM Student
WHERE  姓名  LIKE '李%';
```

查询结果如图 6-10 所示。

【例 11】查询姓王，并且全名为两个汉字的学生的姓名。

```
SELECT  姓名
FROM  Student
WHERE  姓名  LIKE '王_';
```

查询结果如图 6-11 所示。

图 6-10　例 10 查询结果

图 6-11　例 11 查询结果

⑤ 多重条件查询。使用逻辑运算符 AND 和 OR 可以连接多个查询条件。其中 AND 的优先级高于 OR，可以通过括号改变优先级。

【例 12】查询课程号为 3003，考试成绩在 80 以上（包括 80 分）的学生的学号。

```
SELECT  学号
FROM  score
WHERE  课程号='3003'  AND  成绩>=80;
```

查询结果如图 6-12 所示。

3. 连接查询

实际应用中经常会用到多个表同时进行查询的操作，我们把这种查询操作叫连接查询，它通常包括内连接、外连接、自连接和复合条件连接。

用来连接两个表的条件称为连接条件，其一般格式为：

[<表名 1>.]<列名 1><比较运算符>[<表名 2>.]<列名 2>

连接条件中的列名称为连接字段，条件中的各连接字段必须是可比的。

（1）等值连接

当连接运算符为"="时，称为等值连接。

【例 13】查询选修课程号为"6205"的学生学号和姓名。

学生的姓名在 student 表中，学生选课信息在 score 表中，所以本例的查询同时用到了 student 和 score 两个表中的数据。两个表间的联系是通过它们共有的"学号"字段实现的。所以要得到查询结果，就要把两个表中学号相同的字段连接起来，这是一个典型的等值查询。

```
SELECT student.学号,姓名  FROM  student,score
WHERE student.学号=score.学号  AND 课程号="6205";
```

查询结果如图 6-13 所示。

图 6-12　例 12 查询结果

图 6-13　例 13 查询结果

（2）复合条件查询

WHERE 子句中有多个连接条件的连接查询叫复合条件查询。

【例 14】查询选修 6205 号课程，并且成绩在 60 分以上 90 分以下的所有学生。

```
SELECT student.学号,姓名
FROM  student,score
WHERE student.学号=score.学号  AND
Score.课程号='6205' AND
Score.成绩<90  AND  Score.成绩>=60;
```

查询结果如图 6-14 所示。

4. 嵌套查询

把一个查询块嵌套在另一个查询块的 WHERE 字句或者 HAVING 短语的条件中，这样的查询称为嵌套查询。

嵌套查询一般的处理方法是由里向外处理，即每一个子查询在上一级查询处理之前求解，子查询的结果用于建立其父查询的查询条件。

嵌套查询使我们可以用多个简单查询构成复杂的查询，从而增强 SQL 的查询能力。

【例 15】查询与"王宏宇"在同一个系学习的学生的学号和姓名。

我们先分步完成查询，然后再构造嵌套查询。

① 确定"王宏宇"所在专业名。

```
SELECT  专业
FROM Student
WHERE 姓名='王宏宇';
```

结果如图 6-15 所示。

图 6-14　例 14 查询结果

图 6-15　例 15 第一步查询结果

② 查找所有在软件技术专业学习的学生的学号和姓名。

```
SELECT  学号，姓名
FROM Student
WHERE 专业='软件技术'
```

现在要将第 1 步查询嵌入到第 2 步查询的条件中，构造嵌套查询，语句如下：

```
SELECT 学号,姓名
FROM Student
WHERE  专业  IN
(SELECT  专业
FROM Student
WHERE  姓名='王宏宇');
```

也可以通过另外一种形式，也就是比较运算符来实现这个查询。

```
SELECT 学号,姓名
FROM  Student
WHERE  专业=
(SELECT 专业
FROM  Student
WHERE  姓名='王宏宇');
```

查询结果如图 6-16 所示。

【例 16】查询选修了“1603”号课程的学生姓名。

本例查询结果是在 student 表中，但是查询涉及 score 表，所以需要使用嵌套。

```
SELECT  学号,姓名  FROM student  WHERE  学号  IN
(SELECT  学号  FROM  score  WHERE  课程号="1603");
```

查询结果如图 6-17 所示。

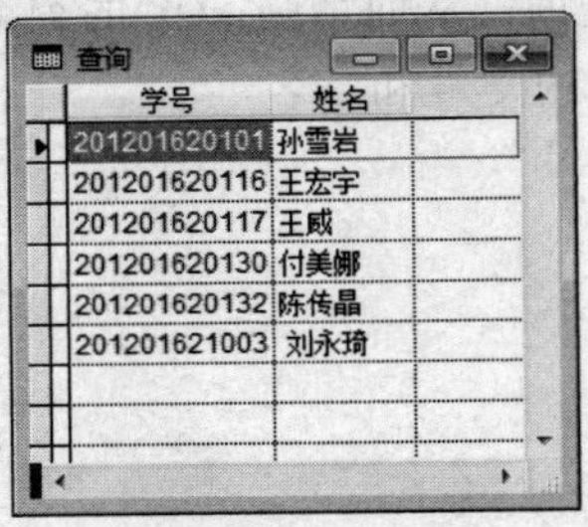

学号	姓名
201201620101	孙雪岩
201201620116	王宏宇
201201620117	王威
201201620130	付美娜
201201620132	陈传晶
201201621003	刘永琦

图 6-16　例 15 第二步查询结果

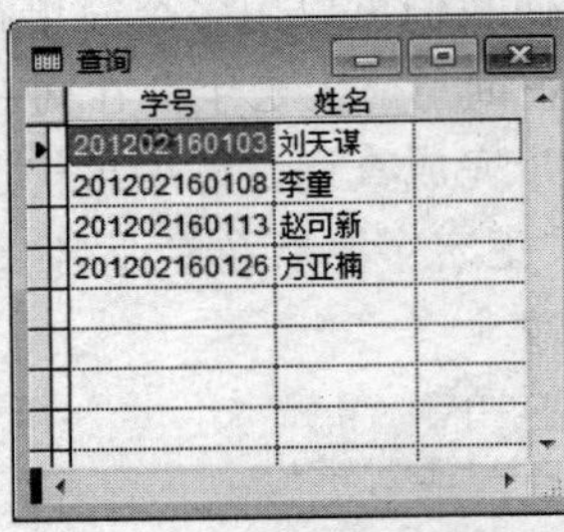

学号	姓名
201202160103	刘天谋
201202160108	李童
201202160113	赵可新
201202160126	方亚楠

图 6-17　例 16 查询结果

5. **排序**

在 SQL 表中的数据是无序的，使用 ORDER BY 子句可以对查询结果集进行排序，如果不指定 ORDER BY 子句，就意味着结果集中的元组的顺序将不代表任何明确的含义。使用 ORDER BY 子句可以为一个或者多个属性列指定升序（ASC）或者降序（DESC），默认为升序（ASC）。

【例 17】查询参加了 0104 号课程考试的学生的学号及其成绩，查询结果按分数的降序排列。

```
SELECT  学号，成绩
```

```
FROM score
WHERE 课程号='0104'
ORDER BY  成绩  DESC;
```
查询结果如图 6-18 所示。

6. 简单的计算查询

SQL 提供了集函数增强检索功能，主要有以下几种常用的集函数：

COUNT([DISTINCT|ALL]*)　　　　　统计元组个数

COUNT([DISTINCT|ALL] <列名>)　　统计一列中值的个数

SUM([DISTINCT|ALL] <列名>)　　　计算一列值的总和

AVG([DISTINCT|ALL] <列名>)　　　计算一列值的平均值

MAX([DISTINCT|ALL] <列名>)　　　求一列值中的最大值

MIN([DISTINCT|ALL] <列名>)　　　求一列值中的最小值

【例 18】计算 3004 号课程的最高分。

```
SELECT  MAX(成绩)
FROM  score
WHERE  课程号='3004';
```
查询结果如图 6-19 所示。

图 6-18　例 17 查询结果

图 6-19　例 18 查询结果

【例 19】查询工程造价专业人数。

```
SELECT  COUNT (*)
FROM  Student
WHERE 专业='工程造价';
```
查询结果如图 6-20 所示。

7. 分组与计算查询

GROUP BY 子句将查询结果表按某一列或多列值分组，值相等的元组分为一组。分组后集函数将为每一个分组返回一个函数值。

【例 20】求每个课程号及相应的考试人数。

```
SELECT 课程号,COUNT(学号)
FROM  score
GROUP  BY  课程号;
```
查询结果如图 6-21 所示。

图 6-20　例 19 查询结果

图 6-21　例 20 查询结果

SQL 的事务处理功能

（1）事务处理的概述

所谓事务（Transaction）是指一系列动作的组合，这些动作被当作一个整体来处理。这些动作或者相继执行，或者什么也不做。

在数据库中，一个动作是指一个 SQL 语句。事务是一组 SQL 语句组成的一个逻辑单位。要么这些 SQL 语句全部被按顺序正确执行；要么在某 SQL 语句执行失败时，按照用户要求，取消已执行的 SQL 语句对数据库中数据的修改；要么事务中 SQL 语句都被正确执行，完成该事务对数据库中数据的所有操作；要么相当于一条 SQL 语句也未执行，数据库数据未做任何改动。

（2）SQL 语言的事务处理语句

SQL 语言有 3 条语句用于事务处理：

① Commit 语句，对于正确执行了的事务进行提交，进行提交即对数据库中数据的修改永久化。同时还释放事务和封锁，标志该事务结束。

② Save Point 语句，定义事务中的一个回滚保留点，它是事务恢复时的一个标记点。

③ Rollback 语句，无论事务执行的当前位置在哪里，该语句的执行要么取消事务执行以来对数据库的全部修改，要么取消至某个指定回滚点后对数据库的全部修改。释放自保留点之后的全部表或行的封锁（没有保留点，相当于回滚到事务开始处，终止该事务）。

事务的恢复（回滚）是根据事务执行前保存下的当时数据库状态来实现的。一遇到 Rollback 语句，就将数据库中数据恢复到原来的状态，相当于撤消事务中已执行了的 SQL 语句。

技能操作

1. 输出指定部分查询结果

分析：

在 SELECT 中使用 TOP n[PERCENT] 短语选择满足条件的前 n 条记录。

不带 PERCENT 参数时，n 是 1～32767 之间的整数，意思是现实前 n 条记录。

带 PERCENT 参数时，n 是 0.01～99.99 之间的实数，说明显示查询结果中前百分之多少的记录。

例如，查询输出成绩在前 10 名的信息。

`SELECT * TOP 10 FROM score ORDER BY 成绩 DESC;`

例如，查询输出成绩在前 10%的信息。

`SELECT * 10 PERCENT FROM score ORDER BY 成绩 DESC;`

2. 查询结果的输出去向

分析：

在 SQL 中，使用 INTO 或者 TO 短语可以指定查询结果的输出去向，具体见表 6-2。

表 6-2　查询输出去向列表

输　出　去　向	命　令　形　式
临时表	INTO CURSOR<表名>
永久表	INTO TABLE<表名>
数组	INTO ARRAY<数组名>
文本文件	TO FILE<文件名>
打印机	TO PRINTER

例如，将所有男同学的信息保存到临时表 TEMP1 中。

`SELECT * FROM student WHERE 性别="男" INTO CURSOR TEMP1;`

例如，将"软件技术"学生信息存放到文件名为"软件技术"的文本文件中。

`SELECT * FROM student WHERE 院系 ="软件技术" TO FILE 软件技术;`

例如，将所有女同学的信息保存到女生.DBF 表中

`SELECT * FROM student WHERE 性别="女" INTO DBF 女生;`

本章小结

本章通过 3 个案例，较详细地介绍了 SQL 语言的 3 个基本功能，包括数据的查询、数据的定义、数据的操纵。通过学生成绩数据库中的 student、score、course 表，结合这种需求，讲解了如何使用 SQL 语句进行灵活的操作。

思考与练习

一、填空题

1. 在 SQL 语句中，DISTINCT 选项的功能是_____。
2. 在 SQL 中插入记录的命令是 INSERT，删除记录的命令是_____，修改记录的命令是_____。
3. 在 SQL-SELECT 语句中将查询结果放在一个表中应该使用_____子句。
4. 在 SQL-SELECT 中用于计算检索的函数有 COUNT、_____、_____、MAX、MIN。
5. 在 SQL 语句中用_____表示空值。
6. 在 SQL SELECT 语句中，要对查询结果的记录个数记数应该使用_____函数。

7. 在 SQL 语句中，ORDER BY 子句的作用是_____。

8. 在 SQL 的 CREATE TABLE 语句中用于说明字段约束规则的短语是_____。

9. 在 Visual FoxPro 中，SQL 支持集合的并运算，运算符是_____。

10. 在 SQL SELECT 中，字符串匹配运算符用_____表示，_____可以用来表示 0 个或多个字符。

二、选择题

1. SQL 是英文单词（　　　）的缩写。
   A. Standard Query Language　　　　B. Structured Query Language
   C. Select Query Language　　　　　D. 以上都不是

2. 在 SQL 的 SELECT 查询结果中，消除重复记录的方法是（　　　）。
   A. 通过制定主关系键　　　　　　　B. 通过制定唯一索引
   C. 使用 DISTINCT 子句　　　　　　D. 使用 HAVING 子句

3. 在当前目录下删除表 stock 的命令是（　　　）。
   A. DROP stock　　　　　　　　　　B. DELETE TABLE stock
   C. DROP TABLE stock　　　　　　　D. DELETE stock

4. SQL 命令中条件短语的关键字是（　　　）。
   A. FOR　　　　　　B. WHILE　　　　　C. WHERE　　　　　D. 以上三个都对

5. SQL 功能的核心是（　　　）。
   A. 数据查询　　　　B. 数据操纵　　　　C. 数据定义　　　　D. 数据控制

6. 使用 SQL 语句将学生表 student 中的 age 大于 30 岁的记录删除，正确的命令是（　　　）。
   A. DELETE FOR AGE>30　　　　　　B. DELETE FROM S WHERE AGE>30
   C. DELETE S FOR AGE>30　　　　　D. DELETE S WHERE AGE>30

7. 在 Visual FoxPro 中，使用 SQL 命令将学生表 student 中的学生年龄字段的值增加 1 岁，应该使用的命令是（　　　）。
   A. REPLACE AGE WITH AGE+1　　　B. UPDATE STUDENT AGE WITH AGE+1
   C. UPDATE SET AGE WITH AGE+1　　D. UPDATE STUDENT SET AGE=AGE+1

8. 在 Visual FoxPro 中，以下有关 SQL 的 SELECT 语句的叙述中，错误的是（　　　）。
   A. SELECT 子句中可以包含表中的列和表达式
   B. SELECT 子句中可以使用别名
   C. SELECT 子句规定了结果集中的列顺序
   D. SELECT 子句中列的顺序应该与表中列的顺序一致。

9. 与 "SELECT * FROM 教师 WHERE NOT（工资>3000 OR 工资<2000）" 语句等价的 SQL 语句是（　　　）。
   A. SELECT * FROM 教师 WHERE 工资 BETWEEN 2000 AND 3000
   B. SELECT * FROM 教师 WHERE 工资>2000 AND 工资<3000
   C. SELECT * FROM 教师 WHERE 工资>2000 OR 工资<3000
   D. SELECT * FROM 教师 WHERE 工资<=2000 AND 工资>=3000

10. 下列关于 SQL 中 HAVING 子句的描述，错误的是（　　　）。
    A. HAVING 子句必须与 GROUP BY 子句同时使用
    B. HAVING 子句与 GROUP BY 子句无关
    C. 使用 WHERE 子句的同时可以使用 HAVING 子句

D. 使用 HAVING 子句的作用是限定分组的条件

11. 以下有关 SELECT 语句的叙述中错误的是（　　　　）。

A. SELECT 语句中可以使用别名

B. SELECT 语句中只能包含表中的列及其构成的表达式

C. SELECT 语句规定了结果集中的顺序

D. 如果 FORM 短语引用的两个表有同名的列，则 SELECT 短语引用它们时必须使用表名前缀加以限定

12. 以下不属于 SQL 数据操作命令的是（　　　　）。

A. MODIFY　　　　B. INSERT　　　　C. UPDATE　　　　D. DELETE

13. SQL 查询命令的结构是 SELECT...FROM...WHERE...GROUP BY...HAVING...ORDER BY...其中指定查询条件的短语是（　　　　）。

14. 在 Visual FoxPro 中，下列关于 SQL 表定义语句（CREATE TABLE）的说法中错误的是（　　　　）。

A. 可以定义一个新的基本表结构

B. 可以定义表中的主关键字

C. 可以定义表的域完整性、字段有效性规则等

D. 对自由表，同样可以实现其完整性、有效性规则等信息的设置

15. 下列与修改表结构相关的命令是（　　　　）。

A. INSERT　　　　B. ALTER　　　　C. UPDATE　　　　D. CREATE

16. 给 student 表增加一个"平均成绩"字段（数值型、总宽度 6，2 位小数）的 SQL 命令是（　　　　）。

A. ALTER TABLE student ADD 平均成绩 N(6,2)

B. ALTER TABLE student ADD 平均成绩 D(6,2)

C. ALTER TABLE student ADD 平均成绩 E(6,2)

D. ALTER TABLE student ADD 平均成绩 Y(6,2)

17. 在 Visual Foxpro 中，如果要将学生表 S（学号,姓名,性别,年龄）中的"年龄"属性删除，正确的 SQL 命令是（　　　　）。

A. ALTER TABLE S DROP COLUMN 年龄　　　　B. DELETE 年龄 FROM S

C. ALTER TABLE S DELETE COLUMN 年龄　　　　D. ALTER TABLE S DELETE 年龄

18. 正确的 SQL 插入命令的语法格式是（　　　　）。

A. INSERT IN...VALUES...　　　　B. SERT TO...VALUES

C. INSERT INTO...VALUES...　　　　D. INSERT...VALUES

19. 若 SQL 语句中的 ORDER BY 短语中制定了多个字段，则（　　　　）。

A. 依次按自右至左的字段顺序排序　　　　B. 只按第一个字段排序

C. 依次按自左至右的字段顺序排序　　　　D. 无法排序

20. 从 student 表删除年龄大于 30 的记录的正确 SQL 命令是（　　　　）。

A. DELETE FOR 年龄>30　　　　B. DELETE FROM student WHERE 年龄>30

C. DELETE student for 年龄>30　　　　D. DELETE student WHERE 年龄>30

三、上机题

1. 使用 SQL 语句建立两个表，分别是 score 表，由学号、课程号和成绩 3 个属性组成。其中学号和课程号不能为空值，值是唯一的。另一个是 course 表，由课程号、课程名、开课

第 6 章　关系数据库标准语言 SQL

院系组成。其中课程号不能为空值，值是唯一的。

2. 使用 SQL 语句向第 1 题中新建的 score 表添加如下数据：

score:

201002160319	06	81
201002160329	07	68
201002160330	07	94

3. 在 student-course-score 上，使用 SQL 语句进行如下查询：

① 列出 course 表中所有记录。

② 查询姓"张"学生的学号、姓名、院系、联系方式，并将结果输出到临时表"张姓同学"中。

③ 查询选修"07"课程而且成绩大于 80 分的学生的学号和姓名。

④ 查询各门课程的平均分数，显示课程号，课程名，平均分，查询结果按平均分降序排列。

第7章

➡ 查询与视图

在 Visual FoxPro 9.0 中，可以使用 FIND、SEEK、LOCATE FOR 等数据查询命令，也可以通过建立查询文件，实现数据查询功能，并把结果以各种方式输出；使用视图不仅可以在数据表中检索出数据，还可以实现对数据表数据的更新。

知识目标：

- 了解查询和视图的相关概念；
- 掌握查询设计器和视图设计器的使用；
- 掌握查询及视图的建立；
- 掌握如何使用查询及视图。

7.1 查询

1. 查询的概念

查询可以使用户从数据表中获取所需要的结果。即向一个数据库发出检索信息的请求，它使用一些条件提取特定的记录。执行查询，即设定一些过滤条件，并把这些条件存为查询文件，在每次查询数据时，调用该文件并加以执行。查询出来的结果可以加以排序、分类，并存储成多种输出格式，如图形、报表、标签等形式。

在 Visual FoxPro 9.0 中，用户既可以使用系统提供的功能强大的查询设计器来建立查询文件，也可以使用方便易用的查询向导来建立查询，或者直接使用 SELECT–SQL 语句编写程序建立查询文件。

2. 查询设计器

Visual FoxPro 9.0 使用查询设计器用来建立查询文件，本案例将着重介绍查询设计器的使用。

（1）查询设计器的启动

"查询设计器"的启动方式有 3 种，分别是从项目管理器启动、从"文件"菜单启动和使用命令来启动。下面就分别来讲解这 3 种方式。

① 从项目管理器启动查询设计器的方法如下：

在"项目管理器"中选择"数据"选项卡，选择"查询"文件类型，单击"新建"按钮，在"新建查询"对话框中，单击"查询向导"按钮，如图 7-1 所示。

② 从"文件"菜单启动查询设计器的方法如下：

单击"文件"→"新建"命令，弹出"新建"对话框，选择"查询"，然后单击"新建文件"按钮，如图 7-2 所示。

图 7-1　从项目管理器启动查询设计器　　　　图 7-2　从"文件"菜单启动查询设计器

③ 从命令窗口启动查询设计器的方法如下：

在命令窗口中输入 CREATE QUERY 命令，直接打开查询设计器，如图 7-3 所示。

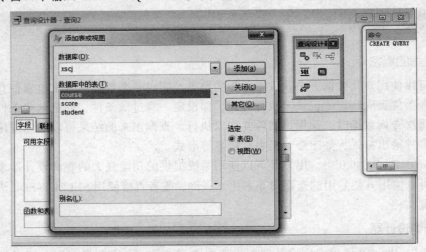

图 7-3　从命令窗口启动查询设计器

注意：在"添加表或视图"对话框中，"数据库"下拉列表中列出项目可用的数据库，而"数据库中的表"列表框列出的是所选数据库中所有表的名称。

（2）查询设计器介绍

查询设计器窗口被分为上下两个部分，如图 7-4 所示。上半部分列出目前选取的数据表和视图，同时还有一个"查询设计器"的工具栏，其中"添加表"和"移去表"两个按钮分别是向查询设计器添加数据表或者把添加进来的数据表移除；"添加连接"按钮用来在两个表间建立连接；"最大化上部窗格"按钮可以将查询设计器窗口的上半部最大化，可以看到更多的表。

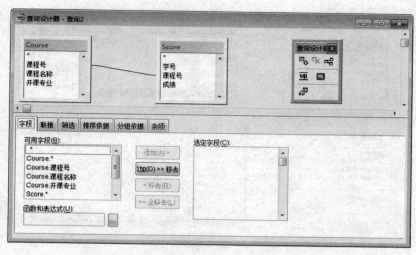

图 7-4　查询设计器窗口

下半部分包含 6 个选项卡，用来进行设置查询的条件。下面通过表 7-1 说明它们的功能与用法。

表 7-1　查询设计器选项卡功能列表

选项卡	说　明
字段（fields）	指定出现在查询结果中的字段或者表达式
连接（join）	对多个表进行查询时，指定表之间的连接条件
筛选（filter）	指定选择记录的条件
排序依据（order by）	指定排序关键字或者表达式
分组依据（group by）	在分组统计时，指定分组的关键字段
杂项（miscellaneous）	指定查询结果的记录的其他选择条件

3. 建立查询

在 Visual FoxPro 9.0 中提供了两种方式建立查询，分别是使用查询设计器和使用查询向导进行查询。

（1）使用查询设计器来建立查询

本例选取了 xscj.dbc 作为数据源，要求用查询设计器自定义查询，可以查询数据库中每一科的最高分，获得最高分的课程名称、成绩、开课专业并按降序排列。

操作步骤如下：

① 打开查询设计器：前边已经讲过 3 种打开"查询设计器"的方式，可以采取任何一种方式来实现。

② 选择数据库和表：在同时打开的"添加表或视图"对话框中选择 score 和 course 表，分别将他们添加到查询设计器中，如图 7-5 所示。

③ 选定字段：选择"字段"选项卡，在"可用字段"列表框中选取所需字段，将其添加到"选定字段"列表框中，如图 7-6 所示，其中成绩最大值的选取需要使用表达式生成器来实现，如图 7-7 所示，选定字段结果如图 7-8 所示。

图 7-5　选择数据库和表

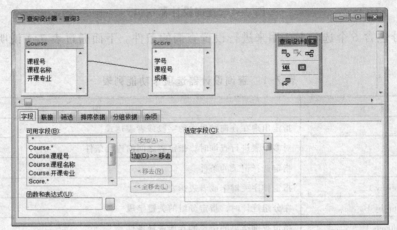

图 7-6　选定字段

图 7-7　"表达式生成器"对话框

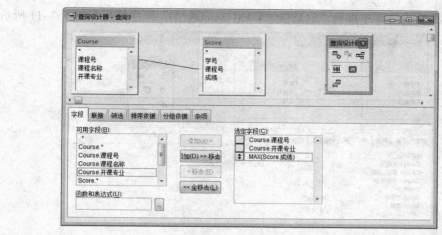

图 7-8　选择字段结果

④ 建立连接：单击"连接"，在"连接"选项卡中设置数据表间的连接条件或连接关系如图 7-9 所示。通常情况下，在第②步选择表的同时，已经指定了连接条件，如图 7-10 所示。

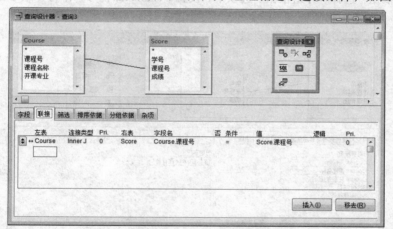

图 7-9　建立连接条件

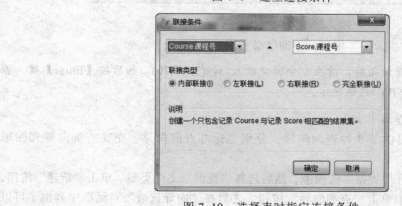

图 7-10　选择表时指定连接条件

⑤ 排序依据：选择"排序依据"选项卡，在其中设置用于排序的字段和排序方式。本

例要求按各科最高成绩降序排列，就是按"MAX(score.成绩)"降序排列，如图 7-11 所示。

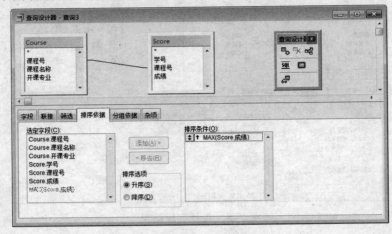

图 7-11　排序依据

⑥ 分组依据：选择"分组依据"选项卡，设置"course.课程号"作为分组字段，如图 7-12 所示。

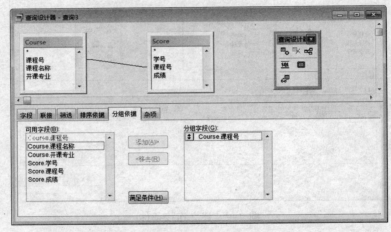

图 7-12　分组依据

⑦ 运行查询：单击"运行"按钮，查询结果如图 7-13 所示。

注意：在"运行"查询之前，请在命令窗口输入 sys(3099,70)，然后按【Enter】键。否则运行查询出现 GROUP BY 错误提示。

（2）使用向导建立查询

Visual FoxPro 9.0 提供了 3 种查询向导，分别是标准查询向导、交叉查询向导和图形向导。

在项目管理器中打开"数据"选项卡，然后选择"查询"文件类型。单击"新建"按钮，在"新建查询"对话框中单击"查询向导"按钮，之后在"向导选取"对话框中列出了可以选取的 3 种向导，如图 7-14 所示。

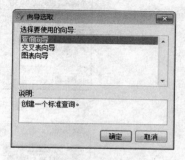

| 图 7-13 查询结果 | 图 7-14 "查询向导"对话框 |

接下来分别介绍这 3 种向导。

① 标准查询向导。在"向导选取"对话框中列出的第 1 个选项是创建一个标准的查询向导，此向导与使用查询设计器创建查询的过程相似。

② 图形向导。图形向导的作用是为了使查询结果更加生动直观，可以使用图形向导将查询结果输出成一个图形。下面举例说明图形向导的用法。

③ 交叉表格向导。交叉表格向导适用于需要统计计算时，可以动态的进行查询统计数据，并以表格的形式显示计算结果。

本例依旧以学生成绩数据库 xscj.dbc 为数据源，要求查询向导建立一个查询，能检索出所有性别为男的学生的学号、姓名、专业和联系方式，按学号降序排列。

① 打开"查询向导"对话框：单击"文件"→"新建"命令或者单击工具栏上的"新建"按钮，打开"新建"对话框，选择"查询"单选按钮，然后单击"向导"按钮。接下来，在打开的"向导选取"对话框中选择"查询向导"选项，再单击"确定"按钮，此时系统会自动打开"查询向导"对话框。

② 选择数据库和表：单击"数据库和表"文本框右边的"浏览"按钮，在"打开"对话框中选取数据库 xscj.dbc，单击"确定"按钮，则 xscj.dbc 添加到"数据库和表"文本框中，并将 xscj.dbc 中的表显示在文本框下面的列表框内。

选择列表框中的表 Student，则在"可用字段"列表框内显示该表的所有字段，如图 7-15 所示。

③ 选取字段：在"可用字段"列表框中单击所需字段，将其添加到"选定字段"列表框中，如图 7-16 所示。

④ 为表建立表关系：选定匹配字段建立关系，并将每一个关系加入到列表中，在左右两个下拉列表中选定两表中的相同字段，并单击"添加"按钮。左列表框中所选字段所在的表叫父表，右列表框中选定字段所在的表叫子表，一个父表只能有一个子表。

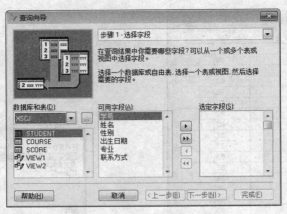

图 7-15　选取数据库和表

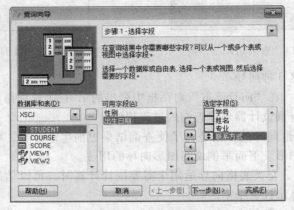

图 7-16　选取字段

因为本例只用到一个数据表，不需要建立联系，所以向导跳过这一步，直接进入第③步。

⑤ 筛选记录：如果想查询特定记录，可以使用"字段""操作符"和"值"选项来创建表达式。本例中涉及性别为"男"的条件，即 STUDENT.性别="男"，如图 7-17 所示。

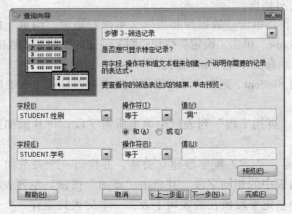

图 7-17　筛选记录

⑥ 排序记录：可以按选定字段的顺序对记录排序，用于排序的字段最多可以选 3 个。通过"添加"按钮指定排序字段，通过"升序"或"降序"单选按钮指定排序方式。用鼠标拖动"选定字段"中的字段名前边的按钮，可以改变字段名的排列次序。本例要求按学号降序排列，如图 7-18 所示。

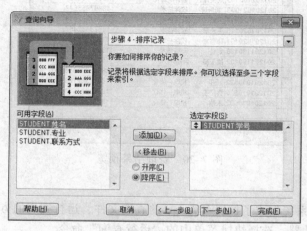

图 7-18 排序记录

⑦ 限制记录：选择要显示字段的类型和值。单击"预览"按钮可以检验排序次序和选项，可以确定最后查询的记录需要显示的数目或其百分比。本例中没有指定限制记录，限制记录如图 7-19 所示。

⑧ 完成：选择保存的方式，并完成查询向导的设置。

可以单击"预览"按钮查看查询的结果，如图 7-20 所示。

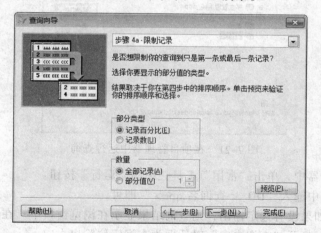

图 7-19 限制记录

注意：选择保存方式有 3 个选项，分别是：

（1）保存查询：将查询保存到扩展名为.qpr 的查询文件中。

（2）保存并运行查询：将查询保存为文件之后自动运行。

（3）保存查询并在查询设计器中修改：保存查询并切换到查询设计器窗口。

图 7-20　查询结果预览

4. 使用查询

建立查询之后，系统生成了扩展名为.qpr 的查询文件，运行查询的方式有以下几种：

① 右击查询设计器，选择快捷菜单中的"运行查询"命令。

② 在项目管理器中，选择新建的查询，单击"运行"按钮，如图 7-21 所示。或者在查询设计器中单击"查询"→"运行查询"命令。

图 7-21　在项目管理器中运行查询

③ 在查询设计器中，单击"常用"工具栏中的"运行"按钮。

④ 在命令窗口中输入"DO ＜查询名.qpr＞"即可。

创建查询后，如果没有选定输出，则查询结果显示在浏览窗口中。在查询设计器中，用户还可以根据需要，打开"查询去向"对话框为查询定位输出去向。

在 Visual FoxPro 中可以通过以下几种方法打开"查询去向"对话框：

① 在查询设计器中，单击查询设计器工具栏中的"查询去向"按钮。

② 在查询设计器中，单击"查询"→"查询去向"命令。

③ 右击查询设计器，并在快捷菜单中选择"输出设置"命令。

"查询去向"对话框中有 7 个不同的选项，除了可以将查询结果输出至浏览窗口外，还可以输出至临时表、表、图形、屏幕、报表和标签，具体见表 7-2。

表 7-2　查询输出去向功能表

输　出　去　向	功　　能
浏览	将查询结果送到浏览窗口中显示
临时表	将查询结果存于临时表中
表	用指定的文件名将查询结果保存为表文件(.dbf)
图形	产生可处理的图形，可以使用 Microsoft Graaph 处理
屏幕	使用查询结果在活动输出窗口中显示
报表	将查询结果按某一个报表布局显示
标签	将查询结果输出到一个标签文件（.lbx）

7.2　视图

1. 视图的概念

在 Visual FoxPro 9.0 中，视图有"查询"和"表"的特点。与查询相类似的地方是，视图可以从一个或多个相关联的表中提取有用的信息。与表相类似的地方是，视图可以用来更新其中的信息，并将更新结果保存在磁盘上。

与查询相比较，视图是一种比查询更高级的检索方式。查询只能检索本地磁盘上的数据，而视图可以检索本地磁盘和远程计算机上的数据。对查询输出结果的修改不会影响为建立该查询使用的数据源，而一旦对视图中的记录做了修改，修改后的结果会自动送回原表中，以更新元表中相应的记录。

视图是一个定制的虚拟表，它可以是本地的、远程的或带参数的。视图的数据可以来源于一个或多个表，或者来源于其他视图。Visual FoxPro 9.0 的视图可以分为本地视图和远程视图。

本地视图的数据源是那些没有放在服务器上的当前数据库中的表。本地视图可以来源于一个或多个表，或者来源于其他视图。Visual FoxPro 9.0 的视图可以分为本地视图或远程视图。

远程视图的数据源则是来自当前数据库之外，即可以是放在服务器上的数据库表或者自由表，又可以是来自远程的数据源。不论是本地视图还是远程视图，它们必须寄生在某个数据库中，是数据库的组成部分，不能像查询那样可以脱离数据库而存在。所以在建立视图之前，必须先打开视图所依存的数据库。

2. 视图设计器

视图设计器也是 Visual FoxPro 9.0 提供的建立视图的工具。可以通过以下几种基本途径启动视图设计器：

① 在"项目管理器"对话框中切换到"数据"选项卡，选择"本地视图"选项，然后单击"新建"按钮，系统会弹出"新建本地视图"对话框，然后单击"新建视图"按钮，如图 7-22 所示。

注意：新建视图前，要保证有打开的数据库。

② 单击"文件"→"新建"命令或者单击工具栏上的"新建"按钮，弹出"新建"对话框，选择"视图"单选按钮，然后单击"新建文件"按钮，如图 7-23 所示。

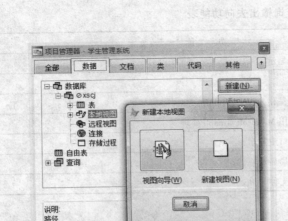

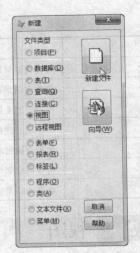

图 7-22　使用项目管理器启动视图设计器　　　　　图 7-23　"新建"对话框

③ 在命令窗口中输入 CREATE VIEW 命令，直接打开视图设计器。

"视图设计器"窗口也分为上、下两部分，上半部分用于显示数据源，下半部分共有 7 个选项，除了"更新条件"选项卡外，其余 6 个选项卡与查询设计器类似。

3. 建立视图

使用向导设计本地视图。本例以 xscj.dbc 为数据源，要求用视图设计器自定义一个视图，并检索出 Score 表中成绩高于 80 分的学生学号、成绩、课程编号、课程名称，并且按升序排列。

① 打开数据库：由于视图是基于表定义的，所以建立视图必须先打开数据库。xscj.dbc 数据库在项目"成绩管理"中，如果项目是打开的，那么数据库也是打开的。

② 打开"本地视图向导"对话框：单击"文件"→"新建"命令或者单击工具栏上的"新建"按钮，打开"新建"对话框，选择"视图"单选按钮，然后单击"向导"按钮，系统会自动打开"本地视图向导"对话框，如图 7-24 所示。

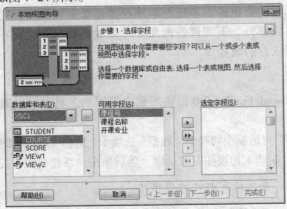

图 7-24　"本地视图向导"对话框

③ 选取字段：在"可用字段"列表框中选择所需字段，将其添加到"选定字段"列表框中，如图 7-25 所示。

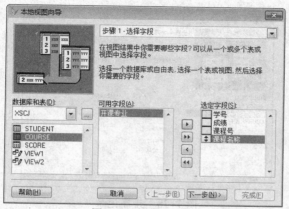

图 7-25 选取字段

④ 为表建立关系：为匹配字段建立关系，并将每一个关系添加到列表框中，如图 7-26 所示。

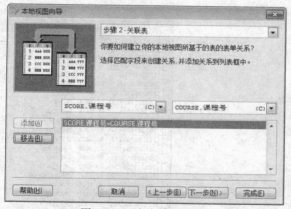

图 7-26 为表建立关系

⑤ 筛选记录：本例中检索成绩大于 80 分的条件，即 SCORE.成绩>80，如图 7-27 所示。

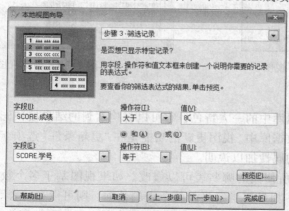

图 7-27 筛选记录

⑥ 排序记录：可按选定字段的顺序对记录排序，用于排序的字段最多可以选择 3 个。本例要求按成绩升序进行排列，如图 7-28 所示。

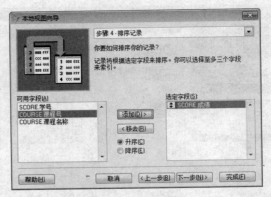

图 7-28　排序记录

⑦ 完成：将视图存为 view1，如图 7-29 所示。

⑧ 浏览视图：在项目管理器中选择该视图，单击"浏览"按钮，运行结果如图 7-30 所示。

图 7-29　保存视图　　　　　　　　　　　　　图 7-30　浏览视图

4. 更新数据

视图的更新是数据库中的一大特色，它可以将检索到的结果按预先定义进行更新，并能将更新结果反馈到原数据库中。视图更新的功能是在"更新条件"选项卡中实现的。如图 7-38 所示，下面对选项卡的属性加以说明。

① 表：指定视图所使用的哪些表可以修改。如果视图基于多个数据库表，默认可以更新全部表的相关字段。如果要指定更新某个表的数据，则可以在"表"下拉列表中选择表。

② 指定可更新的字段：在"字段名"列表框中列出了与更新有关的字段，在"字段名"左侧有两个标志，钥匙标志表示关键字，铅笔标志表示更新，通过单击相应的标志可以改变相关的状态。默认可以更新所有非关键字字段，并且通过基本表的关键字完成更新。Visual FoxPro 用这些关键字字段来唯一标识已经在视图中修改过的基本表记录。

③ 重置关键字：如果已经改变了关键字字段，又想把它们恢复到初始位置，可单击"重置关键字"按钮。

④ 全部更新：对除了关键字字段以外的所有字段进行更新，并在"字段名"列表框的铅笔符号下打上对号标记。

⑤ 发送 SQL 更新：指定是否将视图记录中的修改传送给原始表。

⑥ SQL 的 WHERE 子句包括：设置将哪些字段添加到 WHERE 子句中，这样当将视图修改传送到原始表时，可以检测服务器上的更新冲突。

⑦ 使用更新：有两种更新方式，一种是使用 SQL 的 DELETE 命令删除原始表记录，再用 INSERT 命令创建一个新的在视图中被修改的记录；另一种是使用 SQL 的 UPDATE 语句更新基本表。

5. 使用视图

建立视图以后，使用视图的方法类似于表。

（1）操作视图

视图允许以下操作：

① 在数据库中使用 USE 命令打开或关闭视图。

② 在浏览窗口中显示或修改视图中的记录。

③ 使用 SQL 语句操作视图。

④ 在文本框、表格控件、表单或报表中将视图作为数据源。

（2）打开视图

在使用一个视图时，将作为临时表在自己的工作区被打开。如果此视图基于本地表，则在另一个工作区中同时打开基本表。视图的基本表是由定义视图的 SQL SELECT 语句访问的。

拓展知识

1. 表间的连接关系

默认情况下，连接条件的类型为"内部连接"。不论是在连接条件对话框，还是连接选项卡都可以看到 Visual FoxPro 提拱了 4 种连接类型。

① 内部连接（Inner Join）：指定只有满足连接条件的记录包含在结果中，此类型是默认的，也是最常用的连接类型。

② 右连接（Right Outer Join）：指定满足连接条件的记录，以及满足连接条件右侧的表中记录（即使不匹配连接条件）都包含在结果中。

③ 左连接（Left Outer Join）：指定满足连接条件的记录，以及满足连接条件左侧的表中记录（即使不匹配连接条件）都包含在结果中。

④ 完全连接（Full Join）：指定所有满足和不满足连接条件的记录都包含在结果中。此字段必须满足实例文本（字符与字符相匹配）。

如果想修改各表间的连接，双击查询设计器上部窗口表之间的连线，系统将弹出"连接条件"对话框；或者通过打开查询设计器下部的"连接"选项卡进行。一般不应随便更改连接条件，不然会与实际数据间的关系不符。

2. 将查询结果以图形方式输出

在"向导查询"对话框中选择"图表向导"选项，即可在系统的指导下将结果按图形方

式输出。下面以一个实例讲解具体步骤。

① 在项目管理器中打开"数据"选项卡，然后选择"查询"文件类型。单击"新建"按钮，在"新建查询"对话框中单击"查询向导"按钮，之后在"向导选取"对话框中选取"图表向导"，如图 7-31 所示。

② 单击"确定"按钮，在"图表向导"的 SCORE 表中添加字段，如图 7-32 所示。

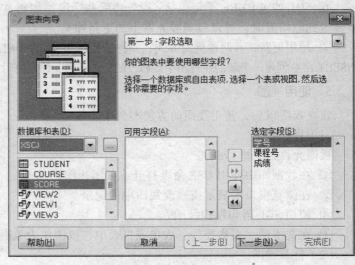

图 7-31　选择图表向导对话框　　　　　　　　　　图 7-32　字段选取

③ 单击"下一步"按钮，在"定义布局"对话框中，将"成绩"字段拖动到"数据序列"，将"课程号"字段拖动到"Axis"，如图 7-33 所示。

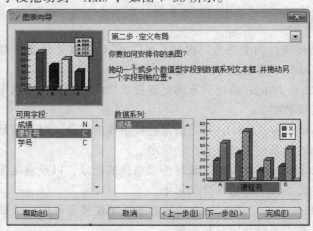

图 7-33　定义布局

④ 单击"下一步"按钮，在"选择图表样式"对话框中，选择柱状图，如图 7-34 所示。

⑤ 单击"下一步"按钮，在"完成"对话框中单击"完成"按钮保存图表到表单或者预览结果，如图 7-35 所示。

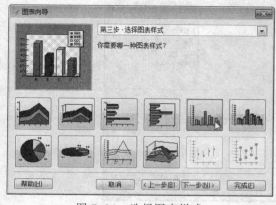

图 7-34　选择图表样式　　　　　　　图 7-35　图表预览

3. 使用视图设计器建立本地视图

分析：若要使用视图设计器，则应该先创建或打开一个数据库。当展开项目管理器中数据库名称旁边的加号时，"数据"选项卡上将显示出数据库中的所有组件。本例以 xscj.dbc 为数据源，要求用视图设计器自定义一个视图，要求能检索 score 表中成绩低于 60 分的学生的学号、成绩、课程号、课程名称，并按成绩降序排列，而且要求能对视图中的数据进行编辑。

创建本地试图的步骤如下：

① 打开数据库：打开数据库 xscj.dbc。

② 打开"视图设计器"：单击"文件"→"新建"命令，或者单击工具栏上的"新建"按钮，打开"新建"对话框，选择"视图"，然后单击"新建文件"按钮，系统自动打开"视图设计器"窗口。

③ 选择数据库和表：在同时打开的"添加表或视图"对话框中选择成绩表 score 和课程表 course，分别将它们添加到视图设计器中。

④ 选取字段：选择"字段"选项卡，在"可用字段"列表框中选取所需字段，将其添加到"选定字段"列表框中，如图 7-36 所示。

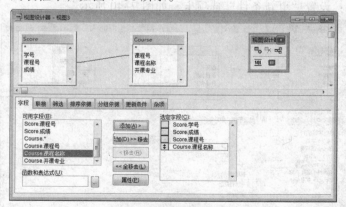

图 7-36　选取字段

⑤ 建立连接：选定匹配字段建立关系，并将每一个关系加入到列表中，连接条件是 Course.课程编号=score.课程编号，如图 7-37 所示。

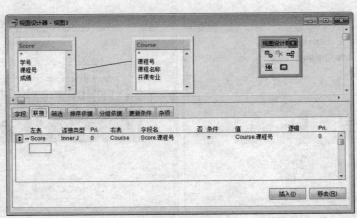

图 7-37　建立连接

⑥ 筛选记录：本例中，检索成绩小于 60 分的条件，即 Score.成绩<60，如图 7-38 所示。

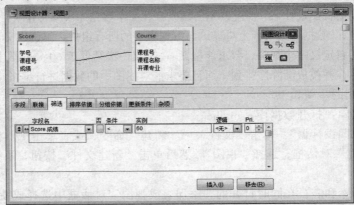

图 7-38　筛选记录

⑦ 排序记录：本例中，要求按"Score.成绩"降序排列，如图 7-39 所示。

⑧ 更新条件：设置"更新条件"选项卡，如图 7-40 所示。

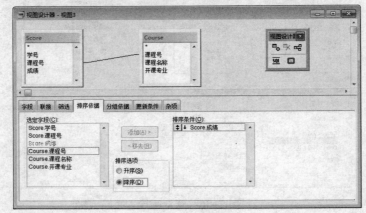

图 7-39　排序记录

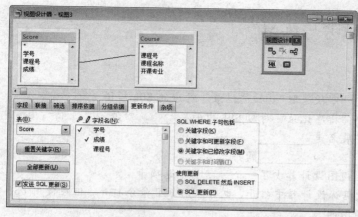

图 7-40　设置更新条件

⑨ 完成：将视图命名为"View3"并保存。

⑩ 浏览视图：在项目管理器中选择该视图并单击"浏览"按钮，运行结果如图 7-41 所示。

学号	成绩	课程号	课程名称
201201620117	59	6203	网络技术
201201620116	58	6202	Java程序设计
201201180124	58	1804	Windows系统安全
201201180108	56	1801	大型网络组建
201201010629	56	0102	电机与控制
201202160113	56	1602	经济法
201206300239	54	3004	建筑工程概预算
201201620101	53	6205	SQL Server
201206300208	51	3002	建筑设备
201206300239	51	3001	建筑材料
201201180138	49	1801	大型网络组建
201202160108	49	1605	财务管理
201201180127	48	1804	Windows系统安全
201201180138	48	1804	Windows系统安全
201202160103	48	1601	基础会计
201202160126	48	1602	经济法
201201180122	47	1801	大型网络组建
201201180127	47	1801	大型网络组建
201201010629	46	0104	传感器
201201010602	38	0104	传感器
201201620117	37	6204	数据结构
201206300240	36	3002	建筑设备

图 7-41　浏览视图

本章小结

　　本章介绍了查询向导、查询设计器及视图向导、视图及其的使用方法，查询设计器生成的一个程序是完全独立的，不依附于任何数据库和表而存在。视图则是查询程序和表的组合，用户不能执行它，而只能按照操作表的方法使用它。查询设计器和视图设计器的主要不同在于查询设计器少了一个"更新条件"选项卡，而在菜单和工具栏中多了一个"查询去向"选项。这两个设计器不但界面类似，操作过程也很相似，学习时应注意将两者多做比较。

思考与练习

一、填空题

1. 查询设计器中"字段选取""筛选记录"对应的 SQL 短语是_____、_____。
2. 查询设计器中"排序记录"对应 SQL 中的_____短语。
3. 查询文件的扩展名是_____。
4. 视图兼有_____和_____的特点。
5. 查询设计器比视图设计器少了一个_____选项卡。
6. 视图可以在数据库设计器中打开，也可以用 USE 命令打开，但在使用 USE 命令之前，必须打开包含该视图的_____。
7. 查询设计器生成的是一个_____。
8. Visual FoxPro 9.0 的查询设计器执行时，如果查询是基于多个表，而这些表间没有建立永久联系，则打开查询设计器之前还会打开一个指定_____的对话框，由用户来设计连接条件。
9. 查询设计器的连接选项卡对应于 SQL SELECT 语句的_____短语，用于编辑连接条件。
10. 在 Visual FoxPro 9.0 查询设计器的"排序依据"选项卡中需要指定用于排序的字段和_____方式。
11. 查询设计器中的"分组依据"选项卡与 SQL 语句的_____短语对应。
12. 在 Visual Foxpro 中假设有查询文件 query1.qpr，要执行该文件应使用命令_____。
13. 在数据库中可以设计视图和查询，其中_____不能独立存储为文件。
14. 在 Visual Foxpro 中，视图可以分为本地视图和_____视图。
15. 在 Visual Foxpro 中，为了通过视图修改基本跟表中的数据，需要在视图设计器的_____选项卡设置有关属性。

二、选择题

1. Visual Foxpro 系统中的查询文件是指一个包含一条 SELECT-SQL 命令的程序文件，文件的扩展名为（　　）。
   A. PRG　　　　　B. QPR　　　　　C. SCX　　　　　D. TXT
2. Visual Foxpro 系统中，使用查询设计器生成的查询文件中保存的是（　　）。
   A. 查询的命令　　B. 与查询有关的基表　　C. 查询的结果　　D. 查询的条件
3. 下面关于查询的描述正确的是（　　）。
   A. 可以使用 CREATE VIEW 打开查询设计器
   B. 使用查询设计器可以生成所有 SQL 查询语句
   C. 使用查询设计器产生的 SQL 语句存盘后将存放在扩展名为 QPR 的文件中
   D. 使用 DO 语句执行查询时，可以不带扩展名
4. 以下关于查询描述正确的是（　　）。
   A. 不能根据自由表建立查询　　　　　B. 只能根据自由表建立查询
   C. 只能根据数据库表建立查询　　　　D. 可以根据数据库表和自由表建立查询
5. 在 Visual FoxPro 9.0 中，关于视图的叙述正确的是（　　）。
   A. 视图与数据库表相同，用来存储数据　　B. 视图不能同数据库表进行连接操作
   C. 在视图上不能进行更新操作　　　　　　D. 视图是从一个或多个数据库表导出的虚拟表

6. 以下关于视图描述正确的是（   ）。
    A. 视图保存在项目文件中　　　　　　B. 视图保存在数据库文件中
    C. 视图保存在表文件中　　　　　　　D. 视图保存在视图文件中
7. 在 Visual FoxPro 9.0 中，以下关于视图描述错误的是（   ）。
    A. 通过视图可以对表进行查询　　　　B. 通过视图可以对表进行更新
    C. 视图是一个虚表　　　　　　　　　D. 视图就是一种查询
8. 视图不能单独存在，它必须依赖于（   ）。
    A. 视图　　　　　B. 数据库　　　　　C. 查询　　　　　D. 数据表
9. 实现多表查询的数据源不可以是（   ）。
    A. 远程视图　　　B. 数据库表　　　　C. 自由表　　　　D. 本地视图
10. 消除 SQL SELECT 查询结果中的重复记录，可采取的方法是（   ）。
    A. 通过指定主关键字　　　　　　　　B. 通过指定唯一索引
    C. 使用 DISTINCT 短语　　　　　　　D. 使用 UNIQUE 短语
11. 在 Visual Foxpro 中，以下叙述正确的是（   ）。
    A. 利用视图可以修改数据　　　　　　B. 利用查询可以修改数据
    C. 查询和视图具有相同作用　　　　　D. 视图可以定义输出去向
12. 以下关于"视图"的正确描述是（   ）。
    A. 视图独立于表文件　　　　　　　　B. 视图不可更新
    C. 视图只能从一个表派生出来　　　　D. 视图可以删除
13. 在 Visual Foxpro 中，查询设计器和视图设计器很像，如下描述正确的是（   ）。
    A. 使用查询设计器创建的是一个包含 SQL SELECT 语句的文本文件
    B. 使用视图设计器创建的是一个包含 SQL SELECT 语句的文本文件
    C. 查询和视图有相同的用途
    D. 查询和视图实际都是一个存储数据的表
14. 关于视图和查询，以下叙述正确的是（   ）。
    A. 视图和查询都只能在数据库中建立　　B. 视图和查询都不能在数据库中建立
    C. 视图只能在数据库中建立　　　　　　D. 查询只能在数据库中建立
15. 在 Visual Foxpro 中，关于视图的正确描述是（   ）。
    A. 视图也称为窗口
    B. 视图是一个预先定义好的 SQL SELECT 语句文件
    C. 视图是一种由 SQL SELECT 语句定义的虚拟表
    D. 视图是一个存储数据的特殊表

三、上机操作题

1. 基于表 student，用查询向导查询所有女生的名单。
2. 基于 score 表，查询 04 号课程的最高分。

第❽章

➡ 表单与常用控件的使用

Visual FoxPro 不但仍然支持标准的过程化程序设计，而且在语言上还进行了扩展，提供了面向对象程序设计的强大功能和更大的灵活性。

表单是面向对象程序设计的主要工具，它简化了编程步骤，在基于图形用户界面的应用软件中被大量使用，使得应用程序开发更为简单。表单是学习 Visual FoxPro 的重点和难点。本章主要介绍了面向对象程序设计中的基本概念及表单的设计方法。

知识目标：

● 明确面向对象程序设计的基本概念和方法；
● 掌握使用表单设计器创建表单的方法；
● 了解常用控件的属性含义；
● 掌握事件过程调用方法和事件代码的设置方法。

8.1　面向对象基础知识

1. 面向对象的基本概念

Visual FoxPro 不但支持传统的面向过程的程序设计，而且也提供了面向对象的可视化程序设计的功能。

面向过程的程序设计采取结构化的程序设计方法，程序是由传递参数的程序和函数的集合组成，每个过程处理它的参数，并可能返回某个值，这种程序是以过程为中心的。程序员是基于过程来组织模块的，这必然会导致程序的结构与实际应用领域中的结构相差很大。

面向对象的程序设计方法是一种系统化的程序设计方法，它允许抽象化、模块化的分层结构，具有动态性、继承性和封装性。

（1）对象

对象是反映客观事物属性及行为特征的描述，是面向对象编程的基本元素，是"类"的具体实例。在面向对象的程序设计中，现实世界的事物均可抽象为对象，在 Visual FoxPro 中，表单及控件等都是应用程序中的对象，用户通过对象的属性、事件和方法程序来处理对象。

对象分为容器对象和简单对象。每个对象都有一个名字，称为对象名。

（2）类

类是对一组相似对象的性质描述，这些对象具有相同种类的属性和方法。

类决定了对象的特征，所有对象的属性、事件和方法程序在定义类时被指定。有了类的定义后，就可以基于类生成这类对象的任何一个对象。

类（Class）是对象的原型。Visual FoxPro 系统内置一些基类（Base Class）。基类可以用表单设计方式或编辑程序代码方式来调用。基类被正确调用之后，即可产生对象。由基类产生的对象又叫派生类，也可以称为由父类派生出子类，由子类仍可继续派生出下一层子类。

基类可分为"控件类""容器类"与"成员类"，控件类用于派生控件对象，容器类能够包含另外的对象，成员类仅用于创建特殊对象。而有的容器类同时也是控件类。

（3）属性

属性即对象的特性，是对象的外观及行为的特征。例如，一个汽车对象由颜色、尺寸、品牌、厂家等属性描述。Visual FoxPro 中一个按钮可有标题（Caption）、可能状态（Enable）、可见（Visible）等属性。对象的属性可以在建立对象时由其所属的类（或子类）中继承，也可以在对象创建或运行时进行修改与设置。

每个属性都有一个名字，称为属性名。

属性的表示：对象名.属性名=属性值。

（4）事件

事件是对象可以识别和响应的行为与操作，用户可以编写相应的代码对此进行响应。

在 Visual FoxPro 中，事件集不能像方法集那样可以无限扩展，事件集是相对固定的，用户不能再创建新的事件。

事件触发方式主要有两种：

① 由用户触发。例如单击命令按钮（Click）或按下某个键盘键（KeyPress）。

② 由系统触发。例如计时器事件（Timer）。

事件的分类及常用事件如表 8-1 所示。

表 8-1　事件的分类及常用事件

类　别	事　件　名	意　义	类　别	事　件　名	意　义
鼠标事件	Click	单击	表单事件	Load	创建表单
	Dblclick	双击		Unload	关闭表单
	MouseMove	移动鼠标		Resize	改变大小
	RightClick	右击		Activate	激活表单
键盘事件	KeyPress	按键盘键		Deactivate	非激活状态
控制焦点事件	Gotfocus	得到焦点		Init	初始化
	Lostfocus	失去焦点	数据环境事件	Beforeopentables	表打开前
	When	得到焦点前		Afterclosetables	表关闭后
	Valid	失去焦点前	其他事件	Times	计时器
改变控件内容事件	Interchange	交互改变		Error	出错时

（5）方法

方法是对象可以执行的动作，是封装在对象内部的，在任何时候都不能独立存在于对象之外。

方法是描述对象行的过程，是对象接收了某个消息后所执行的一系列程序代码。例如显示表单的方法（Show）和将表单从内存中释放的方法（Release）等。Visual Foxpro 规定了一些方法，用户也可为某对象定义方法。对象的事件可以具有与之相关联的方法，例如，为 Click 事件编写的方法代码将在 Click 事件触发时执行。方法也可以独立于事件而单独存在，此类方法必须在代码中显示调用。常用对象的方法如表 8-2 所示。

表 8-2　常用对象的方法

方 法 名 称	说　　明
Release	关闭、退出
Refresh	重新显示表单和控制并刷新表单中的所有值
AddObject	在运行时向容器对象中添加对象
Clear	清除组合框或列表框控件的内容
Show	显示表单
Requery	重新查询

方法的使用：对象名.方法名。

例如，关闭当前表单用 thisform.release。

2. 类的特点

（1）封装性

类的封装性是指将类的特性及其方法程序加以隐蔽，全部封装在类的内部，不让其复杂性暴露在外面。

封装性保证了模块具有较好的独立性，使得程序的维护和修改比较容易。对应用程序的修改仅限于类的内部，因而可以将修改程序带来的影响减少到最低程度。

（2）继承性

继承是指在基于现有的类创建新类时，新类继承了现有的类的属性和方法，此外，新类中还可以有自己所特有的新的属性和方法。

（3）多态性

多态性是指允许不同类的对象对同一消息做出响应。

3. 基类和子类

每个基类都有自己的属性、事件和方法。由于基类只考虑通用特征和功能，难以满足用户的各种要求，用户常常要从基类中派生出一个类。从基类派生出来的类称作子类，也称作自定义类。基类称作父类。一个子类还可以作为父类进一步派生出新的子类。

基类存放在安装时的默认路径下 C:\program files\Microsoft visual studio\Visual FoxPro98\ffc_base.vcx。

4. Visual FoxPro 中的类

对象是在类的基础上建立起来的，所以对象的种类是由类决定的。Visual FoxPro 中的类分为两大类型：容器类和控件类。

（1）容器类

容器类派生的对象可以包含其他对象，并且允许访问这些对象。

（2）控件类

控件类派生的对象是一个相对独立的整体，不能包含其他对象。控件类是可以包含在容器类中并由用户派生的 Visual FoxPro 基类。

　　表单是用户与计算机进行交流的一种屏幕界面，该界面可以自行设计和定义，是一种容器类，可包括多个控件（或称对象）。创建表单除使用表单向导外，还可以利用表单设计器。表单设计器是一个功能强大的表单设计工具，使用表单设计器不但能创建表单，而且可修改表单。表单向导产生的表单也可用表单设计器来修改。操作界面可视化，用户可利用多种工具栏、菜单与快捷菜单在表单上创建与修改对象。

　　表单有两个扩展名，一个为.SCX（表单文件），另一个为.SCT（表单备注文件）。

1. 表单类型

　　Visual FoxPro 允许创建两种类型的应用程序即多文档界面和单文档界面。

　　多文档界面中各个应用程序由单个主窗口组成，应用程序包含在主窗口中或浮动在主窗口顶端。Visual FoxPro 基本上是一个多文档应用程序，带有包含于 Visual FoxPro 主窗口中的命令窗口、编辑窗口和设计窗口。

　　单文档界面中应用程序由一个或多个独立的窗口组成，这些窗口均在 Windows 桌面上单独显示。由单个窗口组成的应用程序通常是一个单文档应用程序，也有一些应用程序结合了单文档和多文档共同的特性。Visual FoxPro 支持这两种类型的界面，允许创建下面 3 种类型的表单。

　　（1）子表单

　　包含在另一个表单中，用于创建多文档界面应用程序的表单。子表单不可以移出父表单（主表单），最小化时将出现在父表单的底部。如果父表单最小化，则子表单也最小化，并且不出现在任务栏上。

　　（2）浮动表单

　　由子表单变化而来的表单，也可用于多文档界面应用程序的表单。属于父表单的一部分，但包含在父表单中。浮动表单可以移到屏幕的任何位置，但不能在父窗口后台移动。如果将浮动最小化，它将显示在桌面的底部。如果父表单最小化，则浮动表单也最小化。

　　（3）顶层表单

　　没有父表单的独立表单，用于创建一个单文档界面应用程序的表单，或用作多文档界面应用程序中其他子表单的父表单。顶层表单与其他 Windows 应用程序同级，可以出现在前台或后台并显示在 Windows 任务栏中。

　　利用表单的 ShowWindow 属性和 Desktop 属性可以设置子表单、浮动表单和顶层表单。

2. 创建与运行表单

　　（1）创建表单

　　无论是新建表单还是修改已有的表单程序，都要打开表单设计器。打开表单设计器的方法有以下 3 种：

　　① 单击"文件"→"新建"命令，或者单击"常用"工具栏上的"新建"按钮，弹出"新建"对话框，选中"表单"单选按钮，然后单击"新建文件"按钮。

　　② 在命令窗口中使用"CREATE FORM"命令。

③ 在项目管理器的"文档"选项卡中，选中"表单"，再单击"新建"按钮。

通过上述任何一种方法，都可以打开"表单设计器"窗口，如图 8-1 所示。

（2）修改表单

表单一旦建立完成，表单及表单中对象的属性、方法和事件均已确定。如果用户对已有对象的属性、方法和事件不满意，可以进行修改，修改表单的方法有以下 3 种：

图 8-1　表单设计器

① 选择"文件"→"打开"命令或者单击"常用"工具栏上的"打开"按钮，弹出"打开"对话框，选择表单，然后单击"确定"按钮。

② 在命令窗口中输入"MODIFY FORM"命令。

③ 在项目管理器中的"文档"选项卡中，选择表单，单击"修改"按钮按钮。

（3）运行表单

① 在表单设计器中单击工具栏中的！按钮或按【Ctrl+E】组合键，也可以右击，在弹出的快捷菜单中选择"执行表单"命令。

② 在命令窗口中输入"DO FORM<表单>.scx"命令。

③ 在项目管理器的"文档"选项卡中选择"表单"选项，再单击"运行"按钮。

【例 1】新建一个空表单 myform.scx，然后使用 DO FORM 命令运行表单。

操作步骤如下：

① 在命令窗口输入命令：CREATE　FORM　myform，打开表单设计器窗口。

② 保存表单文件，然后单击"关闭"按钮，关闭表单设计器窗口。

③ 在命令窗口输入命令：DO FORM myform LINKED。表单显示在屏幕上。

④ 在命令窗口输入命令：?VARTYPE(myform)。此时，表单窗口中会显示字母 O，表明 myform 是一个对象型变量。

⑤ 单击表单窗口的"关闭"按钮，释放表单。

3. 表单设计器的组成

（1）表单设计器工具栏

表单设计器带有一个工具栏，可以单击"显示"→"工具栏"命令进行设置是否显示，工具栏中按钮的功能说明如表 8-3 所示。

表 8-3　"表单设计器"工具栏中的按钮

图标	名　　称	说　　明
📶	设置 Tab 次序	它的作用是切换设计模式和设置 Tab 次序模式
📊	数据环境	选中它时将出现数据环境设计器，用于设置表单使用的数据源
📰	属性窗口	选中它时将出现属性窗口，用于设置控件的属性
✨	代码窗口	选中它时将显示当前对象的代码窗口，用于编辑对象的事件代码
✕	表单控件工具栏	选中它时将显示表单控件工具栏，用于在表单上创建控件
🎨	调色板工具栏	选中它时将显示调色板工具栏，用于指定一个控件的前景色和背景色

图标	名　称	说　明
▣	布局工具栏	选中它时将显示布局工具栏，用于对齐、放置控件以及调整控件大小
▩	表单生成器	选中它时将运行表单生成器，以填表的方式进行相关对象的各项设置，以便我们快速建立表单
▣	自动格式	选中它时将会运行自动格式生成器，在用这个按钮之前应该先选定控件

（2）表单控件工具栏

在设计表单时，用户可以使用"表单控件"工具栏中的各种控件按钮逐个创建控件，并可对已建的控件进行移动、删除、改变大小等操作。"表单控件"工具栏如图 8-2 所示，按钮分为 3 部分：前两个是选定按钮和查看类按钮，中间是控件定义按钮，尾部两个锁定按钮。中间的控件定义按钮显示的是当前类库中的控件，当前类库默认为是"常用类"，可以使用"查看类"按钮改变当前类库。

图 8-2　"表单控件"工具栏

（3）"属性"窗口

设计表单时，常使用"属性"窗口。所谓属性，是指控件、字段或数据库等对象的特性。可以对属性进行设置，用于定义对象的特征或某一方面的行为。例如，Visible 属性影响一个控件在运行时是否可见；Enabled 属性影响一个控件在运行时是否可操作等。属性值可以在设计时指定，也可以在运行时通过程序对其进行赋值修改。在设计时指定是指通过"属性"窗口来修改一个对象的属性。图 8-3 所示的是一个命令按钮的"属性"窗口。

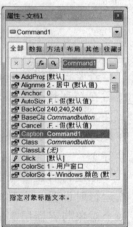

图 8-3　"属性"窗口

打开"属性"窗口有如下几种方法：

① 单击"显示"→"属性"命令。

② 右击需要修改属性的对象，在快捷菜单中选择"属性"命令。

③ 单击"表单设计器"工具栏中的"属性窗口"按钮。

常用表单控件的基本属性。在 Visual Foxpro 中，所有的表单控件都有属性。其中有些属性是一般控件都具有的，有些属性是控件或容器所独有的。表 8-4 给出了 Visual Foxpro 常用可视表单控件和常用可视容器控件所共有的属性及其说明。

表单对象的属性设置方法。表单由控件、容器等对象组成。每个对象都有自己的属性，对象的属性是独立存在的，可以分别定义每个对象的属性。对象的属性设置可以有两种方法：一种是在设计表单时设置对象的属性，另一种方法是在表单运行时设置对象的属性。如果要在运行时设置表单对象的属性，则必须在设计表单时通过程序加以定义。

在设计表单时设置对象的属性。打开"属性"窗口会显示选定对象的属性，如图 8-3 所示。如果选择了多个对象，则这些对象所共有的属性将显示在"属性"窗口中。要编辑另一个对象的属性时，可在"对象选择列表框"中选择这个对象，或者直接在表单设计器中选择这个对象。

表 8-4　常用表单对象的基本属性

属 性 名 称	属 性 说 明
Name	指定在代码中用以引用对象的名称
Caption	指定控件上显示的内容
FontName	定义显示文本的字体名
FontSize	定义文本的字号
FontBold	指定文字是否为粗体
BackColor	指定对象中文本和图形的背景色
ForeColor	指定对象中文本和图形的前景色
Enable	指定表单或控件能否由用户相应的操作引发事件
Visble	指定表单上的控件是否可见。
AutoSize	指定控件是否根据内容自动调整大小
BorderStyle	指定对象的边框样式
ControlSource	指定与对象建立联系的数据源
Left	对于控件，指定其最左边与其父对象左端的位置； 对于表单，指定其最左边与主窗口左端的位置；
Top	对于控件，指定其最顶边与其父对象顶端的位置； 对于表单，指定其最顶边与主窗口顶端的位置；
Height	指定表单或对象的高度
Width	指定表单或对象的宽度

若要设置属性，则可首先在"属性"窗口左侧的"属性名称列表区"中选择一个属性，然后在"属性值"编辑框中为选中的属性输入数值或选择需要的设置。在设计时为只读的属性，例如，对象的 Class 属性，在"属性"窗口的"属性和事件"列表框中将以斜体显示。在设计属性时，如果要求输入字符值，则不需要使用引号（如 caption 属性，RowSource 属性等）。

在运行时设置表单中对象的属性。由于修改属性的程序必须放在事件代码中，所以若想在运行时设置一个对象 A 的属性，则必须编写某个对象 B 的事件代码，于是首先需要确定这两个对象与容器层次的关系，表 8-5 列出了表单中各对象之间引用时需要用到的属性和关键字。确定了对象之间的容器层次关系后，在代码中用下述格式设置属性：容器名.控件名.属性=属性值。

表 8-5　用于对象引用的属性和关键字

属性或关键字	引　用	属性或关键字	引　用
ActiveControl	当前活动表单中具有焦点的控件	This	对象或对象的事件过程
		Thisform	包含该对象的表单
ActiveForm	当前活动表单	ThisformSet	包含该对象的表单集
ActivePage	当前活动表单中的活动页	Parent	对象的直接容器

（4）代码编辑窗口

Visual FoxPro 是一种面向对象的编程语言，它支持事件响应编程方法，通过代码窗口来帮助程序员编写各个对象的事件代码。表单中的每个控件对象都有自己的代码窗口，用于响应各种事件。打开对象的代码窗口有以下几种方法：

① 单击"显示"→"代码"命令。

② 单击"表单设计器"工具栏中的"代码窗口"按钮。

③ 右击需要编写代码的对象，在快捷菜单中选择"代码"命令。

④ 双击需要编写代码的对象。

如图 8-4 所示，代码窗口包括"对象"下拉列表、"过程"下拉列表、代码编辑框 3 个部分：

① "对象"下拉列表：此下拉列表中列出当前表单或表单集的所有对象，选择某个对象就可以切换到该对象的代码事件。

② "过程"下拉列表：此下拉列表列出了所选对象的全部事件，当用户从下拉列表中选择一个事件后编写代码，则编好的代码属于该事件。

③ 代码编辑框：代码窗口的主体部分是代码编辑框，用户可在此编辑框中编写相应事件的代码。

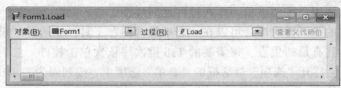

图 8-4 "代码"窗口

表 8-6 中列出了编程中表单常用的事件和方法。

表 8-6 表单常用事件和方法列表

方法/事件名	说　　明
Load 事件	表单建立前触发的事件
Init 事件	表单初始化时触发该事件
Click 事件	单击鼠标左键时触发该事件
DblClick 事件	双击鼠标左键时触发该事件
RightClick 事件	单击鼠标右键时触发该事件
GotFocus 事件	获得焦点时触发该事件
LostFocus 事件	失去焦点时触发该事件
KeyPress 事件	按下键盘按键时触发该事件
InteractiveChange 事件	取值改变时触发该事件
Release 方法	将表单从内存中释放
Refresh 方法	重新绘制表单或控件
Show 方法	显示表单
Hide 方法	隐藏表单
SetFocus 方法	让控件获得焦点，使其成为活动对象

（5）表单布局

① 对象编辑。

选定控件：单击控件可选定单个控件，被选定的控件四周出现 8 个控点。按住【Shift】键并逐个单击选定的控件可选定多个控件，或者按下鼠标左键拖动，使屏幕上出现一个虚线框，放开鼠标按键后，圈在其中的控件就被选定。

取消选择：单击已选定控件的外部某处，即可取消选择。

移动控件：先选定控件，然后用鼠标将控件拖动到需要的位置上，也可以用方向键对控件进行移动。

调整控件大小：选定控件，然后拖动控件四周的某个控点可以改变控件的宽度和高度，也可以按住【Shift】键的同时用方向键对控件大小进行微调。

复制控件：先选定控件，单击"编辑"→"复制"命令，然后单击"编辑"→"粘贴"命令即可完成控件的复制。

删除控件：先选定控件，然后按【Delete】键或单击"编辑"→"剪切"命令即可删除不需要的控件。

② 对象排列。表单控件的默认 Tab 键次序是控件添加到表单时的次序，但通过设置控件的 Tab 次序可以使用户按照逻辑顺序在控件之间移动。

若要改变控件的 Tab 键次序，可以在"表单设计器"工具栏中选择"设置 Tab 键次序"，控件在表单打开时具有最初焦点，按需要的 Tab 键次序依次单击控件，然后单击控件外的任何地方完成设置。也打开"选项"对话框的"表单"选项卡，按列表为表单中的对象设置 Tab 键次序，如图 8-5 所示。

若要更改一个控件组中按钮的选择顺序，可以在"属性"窗口的"对象"列表中选择控件组。一条粗的边框表明该组处于编辑状态，选择"表单设计器"窗口，单击"显示"→"Tab 键次序"如图 8-6 所示，选择合适的 Tab 键次序。

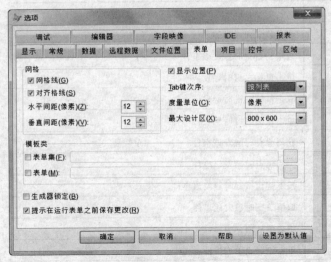

图 8-5 "表单"选项卡

图 8-6 "Tab 键次序"对话框

网格线可供控件定位时参考，单击"显示"→"网格线"命令即可。网格刻度的默认值在"选项"对话框的"表单"选项卡中设置。网格的间距由"格式"→"设置网格刻度"命令来设置，如图 8-7 所示。

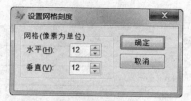

图 8-7 "设置网格刻度"对话框

8.3 标签、文本框与编辑框

表单是应用系统的界面，因此常常需要显示一些文字信息，使用基本控件标签、文本框、编辑框、命令按钮及命令按钮组即可输出一些文字信息。

1. 标签

标签（Label）用于显示一段固定的文本信息字符串，它没有数据源，把要显示的字符串直接赋予标签的"标题"（Caption）属性即可。标签不能用【Tab】键选择，当运行表单时，用户不能在标签控件中进行编辑。标签控件常用的属性如表 8-7 所示。

表 8-7 标签的常用属性

属　　性	说　　明
AutoSize	是否自动调整标签的大小，以适应文本的大小
BackColor	标签背景颜色
BackStyle	用于设置标签控件是否透明
Caption	标签的文本内容
FontName	标签文本的字体
FontSize	标签文本的大小（默认 9）
ForeColor	标签控件前景色，即文本的颜色
Name	用于指定在代码中引用标签控件的名称
Height	标签控件的高度（像素值）
Width	标签控件的宽度（像素值）
WordWrap	指定标签中的文本的扩展方向：横向或纵向
Left	标签控件的左边坐标
Top	标签控件的顶边坐标

【例 2】在表单（Height=200，Width=300）上新建两个标签，第一个使用属性工具栏设置；第二个使用代码方式设置。两个标签的相关属性值如表 8-8 所示。在表单中建立如图 8-9 所示的标签。

表 8-8 两个标签的属性值

属　　性	标签一的属性值	标签二的属性值
AutoSize	.T.	.T.
BackStyle	0-透明	0-透明
Caption	停车坐爱枫林晚	霜叶红于二月花
Fontbold	.T.-真	.T.-真
FontName	宋体	黑体

续表

属　　性	标签一的属性值	标签二的属性值
FontSize	20	20
ForeColor	255,0,0	0,0,255
Name	Label1（默认）	Label2（默认）
Height	33	33
Width	198	198
Left	51	51
Top	40	80

操作步骤如下：

① 单击"表单控件"工具栏中的 **A** 图标，在表单中画出一个标签（默认名为 label1）。

② 打开"属性"窗口，设置标签一的属性。

③ 对于第二个标签，在其 Init 事件过程中设置下列代码：

```
This.AutoSize=.T.
This.BackStyle=0
This.Caption="霜叶红于二月花"
This.Fontbold= .T.
This.FontName="黑体"
This.FontSize=20
This.ForeColor=RGB(0,0,255)
This.Height=33
This.Width=198
This.Left=51
This.Top=80
```

设置后的窗体及标签如图 8-8 所示。

④ 运行表单，窗体显示两个标签，效果如图 8-9 所示。

图 8-8　设计的两个标签

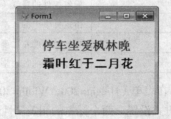

图 8-9　表单运行后显示的标签

2. 文本框

文本框（TextBox）用于在程序运行时输入文本，从中可以编辑变量、数组元素或字段的内容。文本框支持标准的编辑功能有文本的选择、复制、剪切、粘贴。

文本框控件常用的属性如表 8-9 所示。

表 8-9　文本框的常用属性

属　　性	说　　明
AlignMent	文本框中文本的对齐方式，0-左,1-右,2-居中，3-自动
BackStyle	用于设置文本框是否透明
BackColor	文本框背景颜色
BorderColor	文本框边框颜色
BorterStyle	文本框边框样式，0-无,1-固定单线
ControlSource	文本框的数据源，通常连接表文件的字段
Enable	设置文本是否有效，默认.T.
ForeColor	文本框控件前景色，即文本的颜色
FontName	文本框文本的字体
FontSize	文本框文本的大小（默认 9）
Height	文本框控件的高度（像素值）
Name	用于指定在代码中引用文本框控件的名称。
PasswordChar	设置文本框的占位符,如:*号
SpecialEffect	文本框控件格式，0-3 维,1-平面
SelectedBackColor	选定文本的背景色
SelectedForeColor	选定文本的前景色
Visible	设置文本框是否显示或隐藏
Value	设置文本框显示的文本
Width	文本框控件的宽度（像素值）

【例 3】在表单 form1 中建立两个文本框 Text1 和 Text2，如图 8-10 所示,要求当表单运行时,单击表单可以将 Text1 中选定的信息复制到 Text2 中并放大。

操作步骤如下：

① 属性设置如表 8-10 所示。

② 在表单 form1 的 Click 事件中输入以下代码

`thisform.text2.value=thisform.text1.seltext`

③ 运行时，当选定要复制的文本后，单击表单即可。

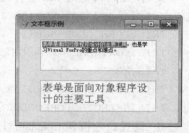

图 8-10　表单运行后显示的文本框

表 8-10　表单和两个文本框的属性

控　件　名	属　性　名	属　性　值
Form1	Caption	文本框示例
Text1	Fontsize	9
	Fontname	宋体
Text2	Fontsize	18
	Fontname	宋体

3. 编辑框

编辑框（EditBox）的主要功能也是显示文本，用于编辑较长的文字或表文件的备注字段，用户可以在其中输入或更改文本。允许自动换行并能使用【↑】【↓】【←】【→】【PageUp】【PageDown】键及滚动条来浏览文本。

编辑框的常用属性如表 8-11 所示。

表 8-11　编辑框常用属性

属　　性	说　　明
AllowTabs	确定在编辑框中用户能否插入 Tab 键
ControlSource	指定与对象建立联系的数据源。
Format	K　当该控件得到焦点时选择所有文本 D　使用当前的 set data 设置日期格式
HideSelection	指定当编辑框失去焦点时，编辑框中选定的文本是否仍显示为选定状态
ReadOnly	指定用户能否修改编辑框中的文本
ScrollBars	是否具有垂直滚动条
SelLength	返回所选定字符的数目或指定要选定的字符数目
SelStart	返回所选定文本的起始点位置或指出插入点的位置
SelText	返回用户在编辑框的文本输入区所选定的文本
Value	编辑框当前状态的值

【例 4】演示编辑框。创建一个窗体（Height=200，Width=300），上面设置一个编辑框：Edit1，两个命令按钮：Command1 与 Command2。

操作步骤如下：

① 单击"表单控件"工具栏中的 按钮，在表单中画出一个编辑框。

② 设置编辑框的 Init 事件过程，代码如下：

```
THIS.BACKCOLOR=RGB(59,110,165)
THIS.FORECOLOR=RGB(255,255,255)
THIS.FONTNAME="楷体_GB2312"
THIS.FONTSIZE=12
THIS.SELECTEDBACKCOLOR=RGB(255,255,255)
THIS.SELECTEDFORECOLOR=RGB(0,0,255)
```

③ 设置命令按钮 Command1 的 Click 事件过程代码是 ThisForm.Edit1.Value =""。

④ 设置命令按钮 Command2 的 Click 事件过程代码是 ThisForm.Release。

⑤ 表单运行后，可在蓝色背景的编辑框中输入白色文字，若用鼠标选择部分文本，则选中的部分呈白底蓝字，如图 8-11 所示。

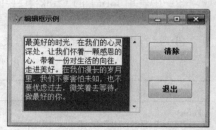

图 8-11　表单运行后的编辑框

命令按钮与命令按钮组

1. 命令按钮

命令按钮（CommandButton）在应用程序中起控制作用，通常被用来进行某一操作，其代码通常被放置在命令按钮的 Click 事件中。命令按钮的常用属性如表 8-12 所示。

表 8-12 命令按钮常用属性

属 性	说 明
Caption	指定命令按钮的文字标题
Enabled	指定设置命令按钮是否可用
BackColor	指定命令按钮背景颜色
FontName	指定命令按钮标题文字的字体
FontSize	指定命令按钮标题文字的大小
ForeColor	指定命令按钮标题文字的颜色
Name	用于指定在代码中引用命令按钮控件的名称
Height	指定命令按钮控件的高度（像素值）
Width	指定命令按钮控件的宽度（像素值）
Left	指定命令按钮控件的左边坐标
Top	指定命令按钮控件的顶边坐标
Visible	指定命令按钮控件是否可见
Picture	指定设置命令按钮的图片
Themes	指定命令按钮是否以 Windows XP 风格显示
SpecalEffect	用于指定命令按钮的外观效果。0-3 维，1-平面
Tooltip Text	设置命令按钮的文本提示信息，要求表单的 ShowTips 属性值为.T.

【例 5】 设计一个密码输入窗口，要求最多允许输入 3 次密码。

设计的效果如图 8-12 所示。

操作步骤如下：

① 为实现上述功能，对象属性设置如表 8-13 所示。

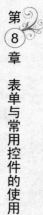

图 8-12 表单上的命令按钮

表 8-13 例 5 对象的属性值

对 象	属 性	属性值
Form1	Caption	命令按钮示例
Label1	Caption	密码
Text1	Passwordchar	*
	Value	（无）
Command1	Caption	确定
Command2	Caption	取消

② 事件代码如下：

Form1 的 load 事件代码：

```
public i                      &&计算输入次数
i=0
```

Command1 的 click 事件代码：

```
i=i+1
if thisform.text1.value='123456'
   messagebox('欢迎进入本系统')
   thisform.release
else
   if i<3
      messagebox("密码错，请重试")
      thisform.text1.value=''
      thisform.text1.setfocus
   else
      messagebox('密码错，禁止进入本系统')
      thisform.release
   endif
endif
```

Command2 的 click 事件代码：

```
thisform.release
```

③ 运行表单，效果如图 8-13 和图 8-14 所示。

图 8-13　正确输入密码后表单的运行结果

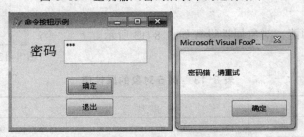

图 8-14　不正确输入密码后表单的运行结果

2. 命令按钮组

命令按钮组（CommandGroup）包含多个命令按钮，命令按钮和命令按钮组中的每个按钮都有自己的属性、方法和事件。用户可以操作其中的单个按钮，也可以操作整个按钮组。命令按钮组可以在 InteractiveChange 事件过程中设计多分支选择结构程序，这是单个命令按钮所不能实现的。命令按钮组的几个常用属性如表 8-14 所示。

表 8-14　命令按钮组常用的属性

属　　　性	说　　　明
AutoSize	随着包含的命令按钮的多少而自动调整大小
ButtonCount	用于指定命令按钮组中的按钮数目
Value	命令按钮触发的顺序，默认 1

【例 6】利用"命令按钮组"设计一个简易计算器，要求有 4 种运算和清零功能。

操作步骤如下：

① 为实现上述功能，对象属性设置如表 8-15 所示。

表 8-15　例 6 的对象属性

对　　　象	子　　　项	属　性　名	属　性　值
Form1		Caption	简易计算器
Label1		Caption	操作数 1
Label2		Caption	操作数 2
Label3		Caption	运算结果
Text1		Value	0
Text2		Value	0
Text3		Value	0
Commandgroup1	ButtonCount		5
	Command1	Caption	+
	Command2	Caption	－
	Command3	Caption	*
	Command4	Caption	/
	Command5	Caption	清零

② 命令按钮组 CommandGroup1 的 Click 事件代码为：

```
Do Case
      Case This.Value=1
   ThisForm.Text3.Value=ThisForm.Text1.Value+ThisForm.Text2.Value
      Case This.Value=2
   ThisForm.Text3.Value=ThisForm.Text1.Value-ThisForm.Text2.Value
      Case This.Value=3
   ThisForm.Text3.Value=ThisForm.Text1.Value*ThisForm.Text2.Value
      Case This.Value=4
   If  ThisForm.Text2.Value#0      &&判断除数是否为 0
      ThisForm.Text3.Value=ThisForm.Text1.Value/ThisForm.Text2.Value
   Else
      MessageBox("除数不能为零！",48)
```

```
EndIf
    Otherwise  &&功能同 Case This.Value=5
ThisForm.Text1.Value=0
ThisForm.Text2.Value=0
ThisForm.Text3.Value=0
EndCase
```

③ 运行表单，效果如图 8-15 所示。

图 8-15　表单运行后的命令按钮组

8.5　选项按钮与复选框

1. 选项按钮

选项按钮组（OptionGroup）又称单选按钮，是一个容器类控件。程序运行后，单击某个按钮即引发该按钮的 Click 事件过程代码，在多个单选按钮中只能选择其一，处于选中状态的单选按中会显示一个圆点。选项按钮组还有两个常用的事件：Click 和 InteractiveChange。

选项按钮组的常用属性如表 8-16 所示。

表 8-16　选项按钮组常用属性

属　性	说　明
ButtonCount	单选按钮的数目
ControlSource	单选按钮的数据来源
DisabledBackColor	单选按钮失效时的背景颜色
DisabledForeColor	单选按钮失效时的前景颜色
Value	当前选中的单选按钮的序号
Caption	单选按钮的显示文本

【例 7】使用选项按钮组设计一个表单，要求单击单选按钮"学生档案系统"时，表单标题为"学生档案系统"；单击"学生管理系统"时，表单标题为"学生管理系统"；单击"退出"按钮释放表单。设计的效果如图 8-16 所示。

操作步骤如下：

① 新建一个表单，创建一个选项按钮组对象"Optiongroup1"，系统默认为两个按钮，标题默认名为 Option1、Option2。

② 右击选项按钮组，从弹出的快捷菜单中选择"生成器"命令，在弹出的对话框中进行设置，设置内容如图 8-17 所示。

图 8-16　表单上的选项按钮组

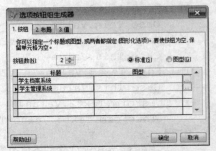

图 8-17　选项按钮组生成器

③ 命令按钮"Command1"的标题为"退出"。

④ 选项按钮组"Optiongroup1"的"Value"属性设置为数值"0"。

⑤ 选项按钮组"Optiongroup1"的 InteractiveChange 事件代码为：

```
DO case
CASE thisform.optiongroup1.Value=1
thisform.Caption="学生档案系统"
CASE thisform.optiongroup1.Value=2
thisform.Caption="学生管理系统"
ENDCASE
```

Command1 的 click 事件代码：

```
thisform.release
```

⑥ 运行表单，效果如图 8-18 所示。

2. 复选框

复选框（CheckBox）又叫选择框，与选项按钮不同，复选框允许同时选择多项，所以它可以在表单中独立存在。它有 3 种状态：打开的复选框，这时框中有一个√，表示用户选择了该复选框；关闭的复选框，这时框中无任何标志；灰色的复选框，这时复选框和文本为暗淡色。

复选框的常用属性如表 8-17 所示。

表 8-17　复选框常用属性

属　　性	说　　明
Caption	复选按钮的显示文本
ControlSource	指定用作选择项的数据源。通常是表中的逻辑型字段
Value	返回选择项状态值。未选中时为 0（或.F.），选中时为 1（或.T.），无效状态为 2（或.Null.）

【例 8】在表单中设置一个复选框，当单击按钮后，根据复选框的状态给出相应的提示，如图 8-19 所示。

图 8-18　表单运行后的选项按钮组

图 8-19　复选框选择结果

操作步骤如下：

① 新建一个表单，添加一个复选框"Check1"和一个命令按钮"Command1"并设置相应的属性。

② 命令按钮"Command1"的 click 事件代码如下：

```
IF thisform.check1.Value=1
MESSAGEBOX("已婚")
```

```
    ELSE
    MESSAGEBOX("未婚")
    ENDIF
```

【例 9】利用"选项按钮组"和"复选框"控件来改变标签的字体颜色、字体和字形，如图 8-20 所示。

操作步骤如下：

① 为实现上述功能，对象属性设置如表 8-18 所示。

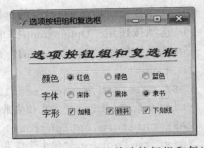

图 8-20 表单运行后的单选按钮组和复选框

表 8-18 例 9 的对象属性

对　象	子项	属性名	属性值
Form1	无	Caption	选项按钮组
Label1	无	Autosize	.T.
		Caption	选项按钮组
		Fontsize	22
Label2	无	Caption	颜色
		Fontsize	12
Label3	无	Caption	字体
		Fontsize	12
OptionGroup1	ButtonCount		4
	Option1	Caption	红色
	Option2	Caption	绿色
	Option3	Caption	蓝色
OptionGroup2	ButtonCount		4
	Option1	Caption	宋体
	Option2	Caption	黑体
	Option3	Caption	隶书
Check1	无	Caption	加粗
Check2	无	Caption	倾斜
Check3	v	Caption	下划线

② 程序代码如下：

OptionGroup1 的 Click 事件代码：

```
Do Case
    Case This.Value=1
        ThisForm.Label1.ForeColor=RGB(255,0,0)
    Case This.Value=2
        ThisForm.Label1.ForeColor=RGB(0,255,0)
    Case This.Value=3
        ThisForm.Label1.ForeColor=RGB(0,0,255)
```

```
    EndCase
OptionGroup2 的 Click 事件代码：
        Do Case
        Case This.Value=1
            ThisForm.Label1.FontName=This.Option1.Caption
        Case This.Value=2
            ThisForm.Label1.FontName=This.Option2.Caption
        Case This.Value=3
            ThisForm.Label1.FontName=This.Option3.Caption
    EndCase
Check1 的 Click 事件代码：
    Thisform.Label1.FontBold= This.Value
Check2 的 Click 事件代码：
    Thisform.Label1.FontItalic= This.Value
Check3 的 Click 事件代码：
    Thisform.Label1.FontUnderline= This.Value
```

8.6 列表框与组合框

1. 列表框

列表框（ListBox）是一个供用户选择的列表，用户可以从中选取所需的选项进行操作。列表框控件为操作提供较多的方便性，列表框的常用属性如表 8-19 所示。

表 8-19 列表框常用属性

属　　性	说　　明
Name	列表框的名称
ColumCount	指定列表框中列的数目。列表框允许设置多列
ColumWidths	指定列表框中列的宽度
ControlSource	指定列表框项目的数据源，如表的字段为数据源
IntegralHeight	自动调整列表框大小，完整显示列表项
ListIndex	判断列表框的某个选项是否被选中
MultiSelect	指定列表框能否选择多个选项
RowSource	以"值"的方式指定列表框的选项
RowSourceType	指定列表框的数据来源类型：0-无、1-值、2-别名、3-SQL 语句、4-查询、5-数组、6-字段、7-文件、8-数据结构、9-弹出式菜单
Value	返回列表框中被选中的条目

列表框有特定的方法，只有应用某种方法才能在程序运行后在列表框中添加上选项，然后选择某一项进行操作。表 8-20 列出了列表框常用的方法。

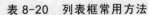

表 8-20　列表框常用方法

方　　法	说　　明
AddItem	按索引号添加选项
AddListItem	按索引号添加选项，可产生多列的选项
RemoveItem	删除列表项
RemoveListItem	删除列表项
Requery	从数据源中重新读数据
IndexToItemID	根据索引号返回 ID 号
ItemIDToIndex	根据 ID 号返回索引号

【例 10】设计一个表单，在文本框中输入数据按【Enter】键后可将数据添加到列表框中。

操作步骤如下：

① 新建一个表单，添加两个标签控件，标题分别为"请点菜"和"您点好的菜"。

② 添加文本框控件和列表框控件。

③ 编写文本框 KeyPress 事件的代码如下：

```
IF nkeycode=13  and not EMPTY(this.Value)
    thisform.list1.AddItem(this.Value)
ENDIF
```

④ 保存并运行表单，结果如图 8-21 所示。

2. 组合框

组合框（ComboBox）与列表框类似，也是用于提供一组条目供用户从中选择。组合框既允许在其中输入文本，又可以从下拉列表中选择选项。组合框可以看作是列表框和文本框的组合。组合框与列表框的主要区别在于：

图 8-21　表单运行后的列表框

① 对于组合框来说，通常只有一个条目是可见的。用户可以单击组合框右端的下拉箭头按钮打开条目列表以便从中选择。所以组合框与列表框相比更节省表单里的显示空间。

② 组合框不提供多重选择的功能，没有 MultiSelect 属性。

③ 组合框有两种形式：下拉列表框和下拉组合框。可通过设置 Style 属性选择想要的形式，Style 值为 0 时，组合框的类型是下拉组合框；Style 值为 2 时，组合框的类型是下拉列表框。

【例 11】设计一个表单，使用组合框进行歌曲的选择。

操作步骤如下：

① 在表单中添加两个标签控件，标题分别设为"请您选择歌曲"和"我喜欢的歌曲"。

② 添加文本框控件，设置 ReadOnly 属性为只读。

③ 添加组合框控件，Style 属性设置为 2，RowSourceType 属性设置为 1，RowSource 属性设置为："红旗飘飘,自豪的建设者,爱我中华,国家"。

④ 编写表单的 Init 事件代码如下：

```
thisform.combo1.AddItem("爱的箴言")
thisform.combo1.AddItem("光阴的故事")
thisform.combo1.AddItem("红豆")
thisform.combo1.AddItem("灯塔")
```

```
thisform.combo1.AddItem("贝加尔湖畔")
```
⑤ 编写组合框 Click 事件代码如下：
```
thisform.text1.Value=this.List(this.ListIndex)
```
⑥ 保存并运行表单，结果如图 8-22 所示。

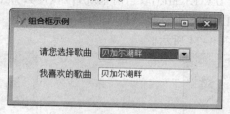

图 8-22　表单运行后的组合框

8.7　计时器与微调控件

1. 计时器

计时器（Timer）控件用于以一定时间间隔重复执行与计时有关的某种操作。计时器控件与用户的操作相对独立，因为它是后台执行的一种控件，由时间来控制。计时器常用属性如表 8-21 所示。

表 8-21　计时器常用属性

属　性	说　明
Enabled	控制计时器控件的打开与关闭
Interval	用于定义两次计时器 Timer 事件的时间间隔（单位：毫秒）

计时器的 Enabled 属性和其他对象的 Enabled 属性不同。对大多数对象来说，Enabled 属性决定对象是否能对用户引起的事件做出反应。对计时器控件来说，将 Enabled 属性设置为.F.，会挂起计时器的运行。如果计时器有效，既当 Enabled 属性为.T.时，它将以等间隔的时间触发 Timer 事件。

【例 12】在表单中添加两个标签和一个计时器，制作一个显示系统时间的数字式时钟。

操作步骤如下：

① 在表单上建立 2 个标签控件，1 个计时器控件。

② 标签和计时器控件的属性值设置如表 8-22 所示。

表 8-22　例 12 控件属性设置

控　件	属　性	属　性　值
Label1	Autosize	.T.
	Backstyle	0-透明
	Caption	系统时间：
	Fontsize	20
Label2	Fontsize	20
	Autosize	.T.
	Backstyle	0-透明
	Forecolor	红
Timer	Interval	1000

设置的效果如图 8-23 所示。

③ 在计时器控件 Timer1 的 Timer 事件过程中输入下列代码：

```
ThisForm.Label2.Caption=SUBSTR(TTOC(DATETIME()),10,8)
```

代码的功能是先由函数 DATETIME()取当前系统日期时间，然后由 TTOC 函数将日期时间转换为字符，最后由函数 SUBSTR 在字符中截取时间部分。

④ 运行表单，效果如图 8-24 所示。

图 8-23　表单上面添加计时器控件

图 8-24　运行的计时器控件

【例 13】创建一个表单，添加一个标签和计时器控件，通过计时器控件产生闪烁文字且字的颜色随机变化。

操作步骤如下：

① 在表单上添加 1 个标签和 1 个计时器控件。

② 表单、标签和计时器控件的属性值设置如表 8-23 所示。

表 8-23　例 13 控件属性设置

控　件	属　性	属　性　值
Form1	Caption	闪烁的文字
Label1	Autosize	.T.
	Backstyle	0-透明
	Caption	春节快乐！
	Fontsize	36
Timer1	Interval	500

设置的效果如图 8-25 所示。

③ 在计时器控件 Timer1 的 Timer 事件过程中输入下列代码：

```
if thisform.label1.visible=.f. then
    thisform.label1.visible=.t.
else
    thisform.label1.visible=.f.
endif
i=int(rand()*255)
j=int(rand()*255)
k=int(rand()*255)
thisform.label1.forecolor=rgb(i,j,k)
```

④ 运行表单，会看到不停闪烁而且颜色也在不停变化的文字。

2. 微调控件

微调（Spinner）控件主要用于接受一定范围内的数值的输入，既可以用键盘输入，也可单击该控件的上下箭头来增减起当前值。微调控件工具栏和表单上面的微调控件如图 8-26 所示。

图 8-25　表单上添加的标签和计时器控件　　　　　图 8-26　微调控件

其常用属性如见表 8-24。

表 8-24　微调按钮常用属性

属　　性	说　　明
Increment	用户每次单击向上或向下按钮时增加或减少的数值
KeyboardHighValue	用户能输入到文本框中的最高值
KeyboardLowValue	用户能输入到文本框中的最低值
SpinnerHighValue	用户单击向上按钮时，微调控件能显示的最高值
SpinnerLowValue	用户单击向下按钮时，微调控件能显示的最低值
Increment	按一次箭头按钮的增减数，默认为 1.00
Inputmask	设置输入掩码。例如输入 000000 表示 6 位整数
Value	文本的取值（为数值型数据）

在微调控件中，由于有 2 个箭头按钮，所以一般不使用 click 事件，其常用事件如下表 8-25 所示。

表 8-25　微调按钮常用事件

事　　件	说　　明
Downclick	按下微调按钮中的向下按钮触发的事件
Upclick	按下微调按钮中的向上按钮触发的事件
Interactivechange	文本的取值发生变化时触发的事件

【例 14】在表单中添加一个标签和一个微调控件，根据微调控件的上下调节实现标签的左右移动。标签和微调控件的相关属性值如表 8-26 所示。

表 8-26　例 14 控件属性设置

控　　件	属　　性	属　性　值
Label1	Autosize	.T.
	Backstyle	0-透明
	Caption	我是会移动的文字
	Fontsize	18
	Forecolor	255,0,0
	FontName	华文行楷

续表

控　　件	属　　性	属　性　值
Spinner1	Value	1
	KeyBoardHighValue	30
	KeyBoardLowValue	1
	Spinner1HighValue	30
	Spinner1LowValue	1
	Fontsize	14
	FontBold	.T.
	ForeColor	128,0,64

操作步骤如下：

① 在表单中添加 1 个标签 Label1 和 1 个微调控件 Spinner1。

② 对微调控件的 UpClick 事件和 DownClick 事件设置代码。

微调控件 Spinner1 的 UpClick 事件代码：

```
IF thisform.spinner1.Value<>30
thisform.label1.Left=thisform.label1.Left+thisform.spinner1.Increment*2
ENDIF
```

微调控件 Spinner1 的 DownClick 事件代码：

```
IF thisform.spinner1.Value<>1
thisform.label1.Left=thisform.label1.Left-thisform.spinner1.Increment*2
ENDIF
```

③ 运行表单，效果如图 8-27 所示。

图 8-27　文字会移动的表单

8.8　表格与图像框

1. 表格

（1）表格的组成

表格（Grid）控件是具有网格结构的容器对象，常用于显示数据表中的内容。表格对象由若干列对象（Column）组成，每个列对象包含一个表头对象（Header1）和若干控件，表格控件具有垂直滚动条和水平滚动条，可以在其中加入组合框、命令按钮、选项按钮组等控件，可以同时显示多行数据。"表单控件"工具栏上面的表格控件以及拖放在表单上面的表格如图 8-28 所示。

（2）表格的常用属性

表格控件的常用属性如表 8-27 所示。

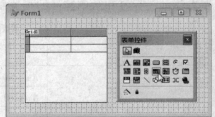

图 8-28　表格控件

表 8-27　表格控件常用属性

属　　性	说　　明
Name	表格的名称
ColumCount	表格中列的数目。默认值为-1，则列数为数据源中子段数目
Backcolor	表格的背景着色
Forecolor	表格的前景着色
RecordSource	指定表格中显示的数据源
RecordSourceType	指定数据源的类型
ReadOnly	指定表格是否为只读，默认值为.F.
View	用于设置表格的查看方式

【例15】应用表格控件显示学生成绩表的内容。

操作步骤如下：

① 创建一个表单，在表单空白处右击，弹出快捷菜单，如图 8-29 所示。

② 从快捷菜单中选择"数据环境"命令，随即弹出"添加表或视图"对话框和，如图 8-30 所示。

③ 选择表或视图，单击"添加"按钮，将表或视图添加至"数据环境设计器"中，如图 8-31 所示。

图 8-29　快捷菜单

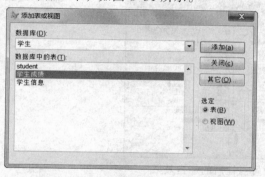

图 8-30　"添加表或视图"对话框

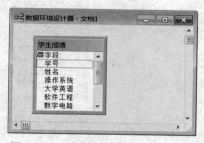

图 8-31　"数据环境设计器"窗口

④ 拖动"数据环境设计器"中表的标题栏，将其拖动到表单就形成了一个表格，如图 8-32 所示。表格控件的运行效果如图 8-33 所示。

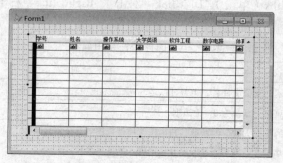

图 8-32　通过"数据环境设计器"创建的表格

图 8-33　表格控件的运行效果

【例 16】改变例 15 中创建表格的前景色、背景色，并设置表格的查看方式。

操作步骤如下：

① 设置表格控件 Init 事件过程代码如下：

```
this.autofit                      &&自动调整列的宽度来适应数据
this.BackColor=RGB(255,255,255)   &&设置表格的背景色为白色
this.foreColor=RGB(255,0,0)       &&设置表格的背景色为红色
this.View= 1                      &&设置查看方式，分栏时左栏浏览、右栏编辑
this.FontBold=.t.                 &&设置粗体字显示
```

② 表格运行后，拖动左下角的分割栏拖动条，将表格分成两部分，显示效果如图 8-34 所示。

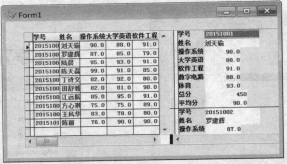

图 8-34　表格控件设置属性后的运行效果

2. 图像控件

图像（Image）控件的主要功能就是在表单上显示图形，通常可以用图像框显示表文件中的相片。图像框支持 Click（单击）、DblClick（双击）、RightClick（右击）等事件。图像控件的常用属性如表 8-28 所示。

表 8-28　图像控件常用属性

属　性	说　明
Picture	要显示的图像文件名，类型可以是.bmp .ico .gif 和.jpg
BorderStyle	边框风格。默认为 0，无边框
Stretch	图像的填充方式。0-裁剪，超出图像控件范围的部分不显示； 1-等比填充，保留图片的原有比例最大限度填充控件； 2-变比填充，将图片调整到正好与图像控件的高度和宽度匹配

【例17】建立一个表单。要求能按照用户的选择来显示"d:\图片\"目录下的3张图片。
操作步骤如下：

① 在表单上建立1个图像控件，1个包含4个命令按钮的命令按钮组。

② 设置各控件的属性如表8-29所示。

表8-29 例17控件属性设置

默认控件名	子 项	属 性 名	值
Form1	无	Caption	图像示例
		AutoCenter	.T.
CommondGroup1	ButtonCoun	无	4
	Command1	Caption	人物
	Command2	Caption	风景
	Command3	Caption	动画
	Command4	Caption	退出

③ CommandGroup1 的 Click 事件为：

```
Do Case
    Case This.Value=1
        thisform.image1.Picture="d:\图片\00001.jpg"
    Case This.Value=2
        thisform.image1.Picture="d:\图片\0002.jpg"
    Case This.Value=3
        thisform.image1.Picture="d:\图片\0003.gif"
    Case This.Value=4
        ThisForm.Release
EndCase
```

④ 运行表单，结果如图8-35所示。

图 8-35 图像示例运行结果

第 8 章 表单与常用控件的使用

8.9 线条控件与形状控件

1. 线条

线条（Line）控件能够在表单上画各种类型、各种颜色的线条，包括水平线、垂直线和斜线，使表单界面更加美观。使用线条控件示例如图8-36所示。

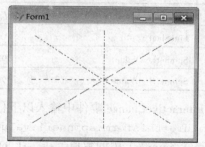

图 8-36 线条控件应用示例

线条控件常用属性如表 8-30 所示。

表 8-30　线条控件常用属性

属　性	说　明
BorderStyle	设置线条的类型，0-透明、1-实线（默认值）、2-虚线、3-点线、4-点画线、5-双点画线、6-内实线
BorderColor	设置线条的颜色
BorderWidth	设置线条的粗细
LineSlant	设置线条如何倾斜，"\" 表示从左向右倾斜，"/" 表示从右向左倾斜

2. 形状

形状（Shape）控件用于在表单上创建各种形状图形，包括矩形、圆角矩形、正方形、圆角正方形、椭圆及圆等。

形状控件常用属性如表 8-31 所示。

表 8-31　形状控件常用属性

属　性	说　明
Curvature	设置形状控件的角的曲率，范围 0～99
FillStyle	设置填充形状的图案
SpecialEffect	设置形状控件的样式，0-三维、1-平面
BorderColor	设置形状边框的颜色
BackColor	设置形状背景颜色

【例 18】在表单中设置线条和形状，通过调整微调框中的数值使形状的曲率随之变化。

操作步骤如下：

① 创建一个表单，在表单中添加 1 个形状"Shape1"、2 个线条"Line1"和"Line2"及 1 个微调控件"Spinner1"。设计效果如图 8-37 所示。

属性设置如表 8-32 所示。

表 8-32　例 18 对象的属性值

控　件　名	属　性　名	属　性　值
Form1	Caption	调整曲率实例
Shape1	BackColor	255,0,0
Line1	LineSlant	/
Line2	LineSlant	\
Spinner1	SpinnerLowValue	0.00
	SpinnerHighValue	99.00

② 在微调框 Spinner1 的 InteractiveChange 事件中输入以下代码：

```
thisform.shape1.Curvature=thisform.spinner1.value
```

③ 表单运行后，调整微调框 Spinner1 中的数值，shape1 的曲率就会随之变化，运行效果如图 8-38 所示。

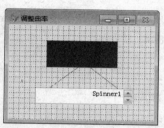

图 8-37 表单上添加的形状、线条和微调控件

图 8-38 表单运行后的形状、线条和微调控件

8.10 页框与容器

1. 页框

页框（PageFrame）控件是在一个表单上设置多个页面的控件。每个页面中还可以包含若干控件。在页框中定义了每个页面的位置和可见的页面数，每个页面的左上角固定在页框的左上角上，而控件则置于每个页面上，只有顶层页面中的控件是可见和活动的。

页框的常用属性如表 8-33 所示。

表 8-33 页框控件常用属性

属　　性	说　　明
TabStyle	页面标题的显示格式。0 表示分散方式，1 表示紧缩方式
TabStretch	用于显示页面的标题。1 表示单行显示，0 表示多行
Tabs	确定页面的选项卡是否可见
PageCount	页框的页面数，默认值为 2
Activepage	页框当前活动的页面

【例 19】在表单中设计一个带 3 个页面选项卡的页框，构造一个进入"图书管理系统"的界面。操作步骤如下：

① 新建表单，首先增加一个页框控件 PageFrame1，并修改其 PageCount 属性为 3，页框架上出现 3 个页面。

② 右击页框控件，在弹出的快捷菜单中选择"编辑"命令，或直接在"属性"窗口中选择 PageFrame1 的 Page 对象。页框架四周出现淡绿色边界，可以开始编辑第一页。在 Page1 上增加 1 个标签 Label1 和 1 个形状控件，修改其属性，如图 8-39 所示。

③ 将 Page2 的 Caption 的属性改为"进入"，在 Page2 上增加 1 个命令按钮 Command1、1 个标签控件 Label1 和 1 个形状控件，并修改属性，如图 8-40 所示。

图 8-39 编辑第 1 页

图 8-40 编辑第 2 页

④ 将 Page3 的 Caption 的属性改为"退出"，在 Page3 上增加 1 个命令按钮 Command1、1 个标签控件 Label1 和 1 个形状控件，并修改属性，如图 8-41 所示。

⑤ 编写事件代码：

编写第 2 页 Page2 中的 Command1 的 Click 事件代码：

```
MESSAGEBOX("该程序暂不提供相应功能！",0,"图书管理系统")
```

编写第 3 页 Page3 中的 Command1 的 Click 事件代码：

```
THISFORM.Release
```

⑥ 运行表单，结果如图 8-42 所示。

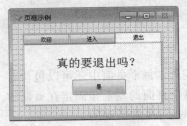

图 8-41　编辑第三页

图 8-42　页框示例运行结果

2. 容器

容器（Container）控件是能够包含其他对象的控件，并且允许访问被包含的对象。

容器控件的常用属性如表 8-34 所示。

表 8-34　容器控件属性

属　性	说　明
BackColor	用于指定容器的背景颜色
BackStyle	用于指定容器背景是否透明，0-透明，1-不透明
BorderColor	指定容器的边框颜色，该属性在 Style 属性值为 0（正常方式），并且 SpecialEffect 属性值为 2（平面）时起作用
BorderWidth	指定边框的宽度，默认值为 1
Style	指定边框是否为 Windows XP 主题效果，0-正常方式，3-Windows XP 主题方式
SpecialEffect	在 Style 属性值为 0 时，指定容器的外观形状，0-凸起样式，1-凹下样式，2-平面样式（默认值）

向容器控件添加控件，在容器上右击，在出现的快捷菜单上选择"编辑"命令，如图 8-43 所示。

此时容器的边框将变粗，表示以成为激活状态，然后可以将控件添加到容器中。

【例 20】应用容器控件编辑一个系统登录框，设计外观如图 8-44 所示。

图 8-43　选择"编辑"命令

图 8-44　设计中的系统登录框

其中，相关控件的属性设置如表 8-35 所示。

表 8-35　例 20 控件属性设置

控 件 名 称	属　性	属 性 值
Container1	BackColor	RGB(250,230,202)
	BackStyle	0-透明
Label1	Caption	系统登录
	FontName	华文隶书
	FontSize	18
	Autosize	.T.
	BackStyle	0-透明
Label2	Caption	用户名
	FontName	华文隶书
	FontSize	12
	Autosize	.T.
	BackStyle	0-透明
Label3	Caption	密码
	FontName	华文隶书
	FontSize	12
	Autosize	.T.
	BackStyle	0-透明
Text1	FontSize	10
Text2	FontSize	10
	PasswordChar	*

设计的登录框运行的外观效果如图 8-45 所示。

图 8-45　登录框运行的外观效果

1. 对象的引用

在面向对象的程序设计中，常常需要引用对象或对象的属性、事件和方法。在引用对象时必须标识出该对象在对象层次结构中的层次。

对象的引用分为绝对引用和相对引用。

（1）绝对引用

对象的绝对引用是指通过提供对象完整的容器层次来引用对象。

绝对引用关系为表单集.表单.页框.页.控件.属性。

（2）相对引用

对象的相对引用是指通过使用一些属性和关键字，直接从对象某层次中引用对象。对象相对引用时，要指明从哪一级对象开始引用对象。相对引用常用的关键字如下：

THISFORMSET：表示包含该对象的表单集。

THISFORM：表示包含该对象的表单。

THIS：表示当前对象。

PARENT：表示该对象的直接容器。

使用相对引用的关键字，在容器层次结构中表示某个层次，其引用关系为：

THISFORMSET. THISFORM. THIS.PRORERTY(表单集.表单.对象.属性)

或者可能如下的引用关系：

PARENT.OBJECT. PRORERTY(PARENT.对象.属性)

2. 表单数据环境设计器

（1）数据环境的概念

每一个表单或表单集都包括一个数据环境（Data Environment）。数据环境是一个对象，它包含与表单相互作用的表或视图，以及表单所要求的表之间的关系。通过数据环境，将表单和数据库联系起来，形成一个完整的数据体系。

可以在"数据环境设计器"中直观地设置数据环境，并与表单一起保存，如图 8-46 所示。

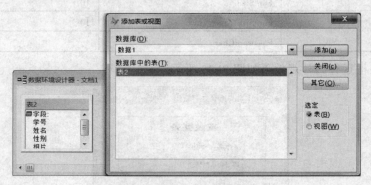

图 8-46　建立数据环境

（2）数据环境设计器的使用

打开数据环境设计器的方法有：

① 单击"显示"→"数据环境"命令。

② 选择表单快捷菜单中的"数据环境"命令。

③ 单击"表单设计器"工具栏中的"数据环境"按钮。

（3）"数据环境"菜单

在打开"数据环境设计器"后，在 Visual FoxPro 菜单中就会增加一个"数据环境"菜单，该菜单中各项命令的功能如下：

① 添加：选择该命令会弹出"添加表和视图"对话框，通过该对话框可以将表和视图添加到数据环境中。添加表后，如果两个表原来存在永久关系，则会在两个表之间自动显示表示关系的连线。用户可以在两个表之间添加或删除连线。添加连线的方法是，将父表的字段拖到子表的索引中，删除连线的方法是按【Delete】键。

② 移去：选择该命令，可以从数据环境设计器中移去选中的表或视图。

③ 浏览：选择该命令，可以在浏览窗口中显示选择的表或视图，以便浏览或编辑。

3. 焦点的使用

焦点（Focus）就是光标，当对象具有"焦点"时，才能响应数据的输入。也就是说，对象是否能接收鼠标的单击从而获得键盘的输入要看它是否得到了焦点。只有当控件的 Visible 和 Enabled 属性为真时，控件才能得到焦点，但并不是所有控件都可具有焦点，如标签、计时器和形状等就不具有焦点。

当控件接收到焦点时，会引发 GotFocus 事件，这时的操作就可以编写到该事件中。当控件失去焦点时，会引发 LostFocus 事件，同样可以编写失去焦点事件。

可以用 SetFocus 方法在代码中设置焦点，也可以在命令按钮的 Click 事件中调用 SetFocus 方法，使光标重新位于文本框上。

当程序运行时，可以使用以下方法改变焦点：

① 单击对象。

② 按【Tab】键或【Shift+Tab】组合键在当前表单的各对象之间移动焦点。

③ 按热键选择对象。

4. 命令按钮组 Click 事件的判别与命令按钮组的编辑

（1）命令按钮组 Click 事件的判别

命令按钮组和组内的各个命令按钮都有自己的 Click 事件，Visual FoxPro 9.0 根据用户单击的位置来触发 Click 事件，如果单击组内空白处，则组控件的 Click 事件被触发；如果单击组内的某个命令按钮，则该命令按钮组的 Click 事件被触发。

当单击组内的某个命令按钮时，组控件的 Value 属性就会获得一个数值型或字符型的值。当 Value 属性设置为命令按钮的序号时，Value 属性为一个数值即命令按钮的序号；当 Value 属性设置为命令按钮的标题时，Value 属性为一个字符串即命令按钮的标题。

（2）命令按钮组的编辑

选中命令按钮组后可以对它进行各种编辑操作，如调整尺寸、位置，还可以在属性窗口中设置按钮组的属性及事件，但此时不能编辑组内的命令按钮。

（3）组内命令按钮的编辑

右击命令按钮组控件，选择快捷菜单中的"编辑"命令，此时组控件四周出现一个斜线边框，表示组控件被激活，用户可以选择组内的单个命令按钮进行编辑。

5. 形状控件的 Curvature 属性值

在形状控件创建时，若 Curvature 属性值为 0，Width 属性值与 Height 属性值也不相等，显示一个矩形。若要画出一个圆，应将 Curvature 属性值设置为 99，并使 Width 属性值与 Height 属性值相等。

第 8 章　表单与常用控件的使用

技能操作

1. 创建一个表单，添加 1 个标签和 2 个计时器控件，实现文字的淡入淡出效果（效果见图 8-47）

图 8-47　文字淡入淡出效果的设计

操作步骤如下：

（1）新建表单，添加标签和计时器控件，属性设置如表 8-36 所示。

表 8-36　技能操作生控件属性设置

控 件 名 称	属　　性	属　性　值
Timer1	Interval	30
Timer2	Interval	30
Label1	Capton	文字淡入淡出
	Fontsize	36
	Backstyle	0-透明
	Autosize	.T.

（2）事件过程代码

① 计时器 Timer1 的 Timer 事件过程代码：

```
IF red<255 then
    red=red+1
ENDIF
IF blue<255 then
    blue=blue+1
ENDIF
IF green<255 then
    green=green+1
ENDIF
thisform.label1.ForeColor=RGB(red,green,blue)
```

② 计时器 Timer2 的 Timer 事件过程代码：

```
IF red>125 then
    red=red-1
ENDIF
IF red<125 then
    red=red+1
```

```
ENDIF
IF green>125 then
    green=green-1
ENDIF
IF green<125 then
    green=green+1
ENDIF
IF blue>125 then
    blue=blue-1
ENDIF
IF blue<125 then
    blue=blue+1
ENDIF
thisform.label1.ForeColor=RGB(red,green,blue)
thisform.Refresh
```

③ 表单 Form1 的 Init 事件过程代码：

```
PUBLIC red,green,blue
red=125
green=125
blue=125
```

④ 表单 Form1 的 Click 事件过程代码：

```
Thisform.timer1.Enabled= .T.
Thisform.timer2.Enabled= .F.
```

（3）运行表单后，显示文字淡入效果，单击窗体，文字淡出。

2. 创建学生信息的快速表单

操作步骤如下：

① 单击"新建"按钮，打开"新建"对话框，选择"表单"选项，再单击"新建文件"按钮，打开表单设计器。

② 在 Form1 中右击，再单击"数据环境"选择数据表学生信息.dbf，再单击"添加"按钮。

③ 关闭"添加数据表或视图"对话框，此时"数据环境设计器"如图 8-48 所示。

④ 将"字段"拖动到 Form1 中，调整表单格式，并在表单中画出 3 个命令按钮，如图 8-49 所示。

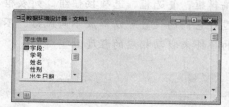

图 8-48　"数据环境设计器"中的"学生信息"表

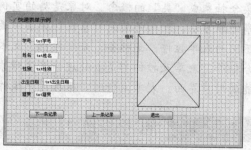

图 8-49　调整表单格式

⑤ 分别双击 3 个命令按钮进入"代码窗口"，在代码窗口中输入命令。

Command1 代码：`thisform.command1.enabled= .T.`

```
SKIP 1
IF EOF()
=MESSagebox("已到最后一条",48,"信息窗")
SKIP -1
ENDIF
thisform.Refresh()
```

Command2 代码：`thisform.command2.enabled= .T.`

```
SKIP -1
IF bOF()
=MESSagebox("已到第一条",48,"信息窗")
SKIP 1
ENDIF
thisform.Refresh()
```

Command3 代码：`Release thisform`

⑥ 运行表单，效果如图 8-50 所示。

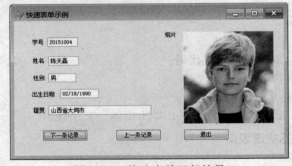

图 8-50　快速表单运行结果

本章小结

　　Visual FoxPro 9.0 支持面向对象的程序设计。面向对象的程序由对象上的事件来驱动不同的程序功能，面向对象的方法将实际处理的事物抽象成"对象"的概念，将相似对象的集合抽象成"类"的概念。对象是类的实例，类是对象的模板，对象和类拥有自己的属性、事件和方法。表单是面向对象设计方法中最常采用的一种界面。设计表单时，可在其中添加不同的表单控件，如标签、命令按钮、文本框、编辑框、复选框、选项按钮组、列表框、组合框等。表单及控件都是要处理的具体对象，通过对它们的设置可以形成不同风格、不同功能的用户界面。表单运行时，根据用户操作产生的事件来驱动相应的程度。

思考与练习

一、填空题

1. 表单数据源可以使用数据库表、＿＿＿＿＿＿、＿＿＿＿＿＿。

2. 在使用表单向导创建的表单中，按钮类型可以是_____、_____、无按钮和定制 4 种类型。

3. 表单文件默认的扩展名为_____。

4. 设置表单控件的字体和字号分别使用控件的_____和_____属性选项进行设置。

5. 表单"属性"窗口由对象列表框、选项卡、_____和_____组成。

6. 根据 Visual Foxpro 9.0 中的控件对象基于所属的类可以分为_____类和_____类。

7. 在 Visual Foxpro 9.0 中，除了表单集和表单外，还提供了_____、_____、_____、 4 个基本容器类。

8. 标签控件属性 Caption 的含义是_____、Name 的含义是_____。

9. 文本框控件属性 ControlSource 的含义是_____。

10. 组合框控件属性 RowSource 和 ControlSource 的含义分别是_____、_____。

二、选择题

1. 使用表单向导创建表单，在"表单样式"对话框中可以确定（　　）。
   A. 表和字段　　　　　B. 表和样式　　　　　C. 视图和按钮　　　　　D. 样式和按钮

2. 在命令窗口执表单文件AA，应输入命令（　　）。
   A. DO FORM AA　　　B. DO AA.SCX　　　　C. RUN FORM AA　　　D. RUN AA.SCX

3. 在表单中添加字符型字段控件，系统生成的是（　　），添加逻辑型字段控件，系统生成的是（　　），添加备注型字段控件，系统生成的是（　　），添加通用型字段控件，系统生成的是（　　）。
   A. 文本框　　　　　　B. 编辑框　　　　　　C. OLE 绑定型控件　　　D. 复选框

4. 下列表单控件中，属于控件类的是（　　），属于容器类的是（　　）。
   A. 列表框、组合框、命令按钮、表格　　　B. 列表框、组合框、命令按钮、线条
   C. 命令按钮、选项按钮组、页面、表格　　D. 命令按钮组、选项按钮组、图像、表格

5. 在 Visual Foxpro 9.0 中表单中指（　　）。
   A. 数据库中各个表的清单　　　　　　　　B. 一个表中各个记录的清单
   C. 数据库查询的列表　　　　　　　　　　D. 窗口界面

6. 表单对象中可以包括的控件是（　　）。
   A. 任意控件　　　　　　　　　　　　　　B. 所有窗口对象
   C. 页框或任意控件　　　　　　　　　　　D. 页框、任意控件、容器或自定义对象

7. 在 Visual Foxpro 9.0 中标签控件默认的名字是（　　）。
   A. List　　　　　　　B. Label1　　　　　　C. Edit　　　　　　　D. Text

8. 在创建表单时，创建的对象用于保存不希望用户改动的文本控件是（　　）。
   A. 标签　　　　　　　B. 文本框　　　　　　C. 编辑框　　　　　　D. 组合框

9. 在表单内创建下拉列表框控件，该控件的默认名称是（　　）。
   A. Combo　　　　　　B. command　　　　　C. Check　　　　　　D. Caption

10. 在 Visual Foxpro 9.0 中，为了将表单从内存中释放（清除），可将表单退出命令按钮的 Click 事件代码设置为（　　）。
    A. ThisForm.Refresh　　　　　　　　　　B. ThisForm.Delete
    C. ThisForm.Hide　　　　　　　　　　　D. ThisForm.Release

三、上机操作题

1. 制作立体字，如图 8-51 所示。要求：①对象属性自定。②编写命令按钮 Command1 的 Click 事件代码，以便关闭表单，退出程序。

2. 设计一个表单 JSFDHS.SCX，表单界面如图 8-52 所示，表单的属性和控件的属性设置自定。

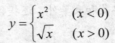

$$y = \begin{cases} x^2 & (x < 0) \\ \sqrt{x} & (x > 0) \end{cases}$$

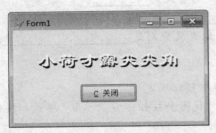

图 8-51　制作立体字　　　　　　　　　图 8-52　计算 Y 值

3. 表单编辑状态和运行状态如图 8-53 和图 8-54 所示，选中复选框显示密码内容，不选时以 "*" 显示，表单整体效果美观，比例合适。

图 8-53　编辑状态　　　　　　　　　　图 8-54　运行状态

4. 设计一个能显示系统时的表单。在表单中将计时器控件 "Timer1" 的时间间隔设为 1 秒，标签控件 "Label1"，标题为 "当前时间:"，命令按钮组 "Commandgroup1" 中包含 3 个按钮，标题分别为 "开始" "停止" "退出"。表单运行时，单击 "开始" 按钮使文本框 "Text1" 中显示当前系统时间，单击 "停止" 按钮，文本框中的时间停止变化，单击 "退出" 按钮则退出表单的运行。编辑状态如图 8-55 所示，运行状态如图 8-56 所示。

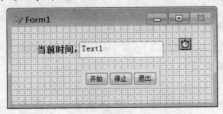

图 8-55　编辑状态　　　　　　　　　　图 8-56　运行状态

菜单的设计与应用

菜单是可视化应用程序的重要环节，菜单设计的好坏直接影响整个应用系统的功能及人机界面的好坏。恰当地计划并设计菜单，将使应用程序的主要功能得以体现。Visual FoxPro 9.0 提供给开发者一个良好的菜单生成器——菜单设计器，使用户可以快捷而有效地创建菜单。

知识目标：

- 使用菜单设计器创建下拉式菜单；
- 设置与生成菜单；
- 在顶层表单中添加下拉式菜单；
- 创建快捷菜单。

9.1　下拉式菜单

1. 菜单的组成

菜单系统是由一个菜单栏、多个菜单、菜单项和下拉菜单组成。菜单栏位于窗口标题下的水平条状区域，用于放置各个菜单项。菜单项是在菜单栏中的一个菜单中的名称，也称菜单名，它标识了所代表的一个菜单。单击菜单项即可弹出下拉菜单。菜单是包含命令、过程和子菜单的选项列表，因此按等级分为父菜单和子菜单，如图 9-1 所示。

2. 设计菜单的基本过程

创建一个合理功能完善的菜单，可以使数据管理工作界面友好，操作简单方便，并且提高工作效率。创建菜单系统步骤如下：

① 整体规划菜单，明确菜单功能与用户要求。

② 设计菜单，使用菜单设计器设计菜单和子菜单。

③ 指定菜单项所执行的任务，为菜单项添加相应的程序代码来指定其需要完成的任务，包括一些必要的菜单设置，如键盘访问键、菜单快捷键等。

④ 预览菜单，对菜单进行预览与检查，并进行修改。

⑤ 保存菜单并生成菜单程序。

⑥ 运行菜单。

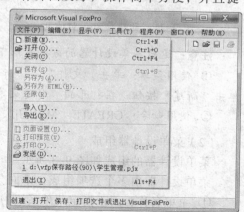

图 9-1　Visual Foxpro 系统菜单

3. 菜单设计和使用过程中的注意事项

① 菜单的标题要有实际应用意义。菜单项的布置要有一定的顺序，菜单项应在一个屏幕内。

② 在菜单的下拉菜单项中，有可启动和已废止两种状态。可启动状态的菜单项是黑色的文字，已废止的菜单项是暗灰色的文字。

③ 菜单的下拉菜单项中，用分隔线将菜单中内容相关的菜单项分隔成组，增强了菜单的可读性。如果菜单左边会出现对勾的标记字符，表示该菜单项被选择。

④ 当菜单项尾部带有一个黑色小三角时，表示这个菜单项还有一级子菜单。

⑤ 大多数菜单项都有它的一个热键，当同时按下这个菜单项的热键时，即可选择这个菜单项。菜单热键可以代替鼠标的单击操作。

⑥ 一般菜单项还会有快捷键，按下它的快捷键，可直接执行相应的操作。

4. 定义下拉式菜单

Visual FoxPro 9.0 使用菜单设计器完成菜单，包括创建菜单、设计菜单、菜单分组、子菜单、菜单项的快捷键等。

（1）运行菜单设计器

在"学生管理系统"项目管理器中选择"其他"选项卡，选择"菜单"选项，单击"新建"按钮打开"新建菜单"对话框，如图 9-2 所示。对话框中选择"菜单"（或"快捷菜单"）选项，打开"菜单设计器"（或"快捷菜单设计器"），如图 9-3 所示。

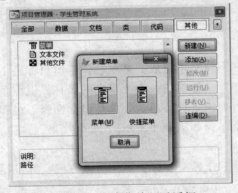

图 9-2 "新建菜单"对话框

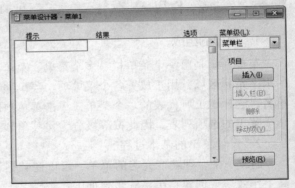

图 9-3 "菜单设计器"窗口

注意：运行菜单设计器的方法有以下两种。

① 使用菜单：单击"文件"→"新建"命令，在"新建"对话框中选择"菜单"选项，单击"新建"按钮，在打开的"新建菜单"对话框中单击"菜单"按钮。

② 使用命令：CREATE MENU[文件名|?]。

（2）菜单设计器组成

菜单设计器的组成如图 9-3 所示。

菜单设计器由多个选项组成，下面分别进行介绍。

① 菜单名称：用于指定菜单系统的菜单项名称，也就是菜单标题。

② 结果：指定菜单项发生的动作或所要执行的任务，包括以下 4 种选项。

a. 命令：通过执行一条命令语句指定当前菜单项的功能。当选择该选项后，可在其右侧出现的文本框中输入要执行的命令。

b. 子菜单：指定当前菜单项的子菜单。当选择该选项后，在其右侧将出现"创建"按钮，单击该按钮，进入子菜单设计窗口。

c. 过程：通过执行一组命令指定当前菜单项的功能。当选择该选项后，也会在其右侧出现"创建"按钮，单击该按钮，进行过程代码编辑窗口。

d. 填充名称/菜单项#：当定义主菜单时，出现"填充名称"选项；当定义子菜单时，出现"菜单项#"选项。当选择以上选项时，可在其右侧出现的文本框中为该菜单项输入一个名称。设置该选项的主要目的是为了在程序中引用它，例如，可以利用这项功能设计动态菜单。

③ 创建：只有在"结果"选项中选择了"子菜单"或"过程"选项时才会出现"创建"按钮，用于创建当前菜单项的子菜单或过程（对于已经创建完成的子菜单或过程，该按钮显示为"编辑"，可用来修改该菜单项的子菜单或过程）。

④ 选项：单击"选项"按钮，会弹出"提示选项"对话框，从中可以定义键盘快捷键或设置菜单项的属性。

⑤ 菜单级：用来显示当前的菜单级别，可从其下拉列表中选择任意一级菜单进行编辑。

⑥ "预览"按钮：可预览菜单结果，并可进行检查。

⑦ "插入"按钮：可在当前菜单项的前面插入一个空白菜单项。

⑧ "插入栏"按钮：单击此按钮打开"插入系统菜单条"对话框，用于插入标准的 Visual FoxPro 9.0 系统菜单项。

⑨ "删除"按钮：可删除当前菜单项。

（3）在项目中设置菜单

为"学生管理系统"创建菜单"mymenu"，要求有学生信息录入、学生信息查询、学生报表管理、退出等功能。

① 启动菜单器：在"新建菜单"对话框中选择"菜单"按钮，启动菜单设计器。

② 创建主菜单：在菜单名称位置输入"学生信息录入"，在结果下拉列表中选择"子菜单"，同理添加学生信息查询（子菜单）、学生报表打印（子菜单）、退出（命令 SET SYSMENU TO DEFAULT）菜单，如图9-4所示。

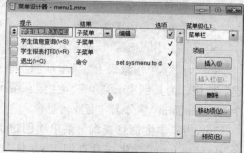

图9-4 设计主菜单

注意：退出菜单的命令应该是 QUIT，但在菜单调试期间，使用 QUIT 命令设置退出菜单会频繁地退出 Visual FoxPro 系统，这会使程序设计者浪费很多时间，所以暂时使用 SET SYSMENU TO DEFAULT 命令，此命令的含义是设置系统菜单为默认菜单，返回 Visual FoxPro 系统菜单，便于调试。在菜单调试成功后，再将退出菜单命令恢复为 QUIT。

③ 设置键盘访问键：为了方便菜单的访问，可为菜单添加键盘访问功能。以"信息录入"菜单为例，在菜单名称后添加"(\<E)"，同理分别为信息查询、报表打印、退出三项菜单名称后添加"(\<S)""(\<R)""(\<Q)"。

④ 设置键盘快捷键：选择"学生信息录入"菜单项，单击其右侧的"选项"按钮，打开"提示选项"对话框，将光标定位于"键标签"的文本框中，按【Alt+E】组合键（见图 9-5），单击"确定"按钮完成快捷键设置。同理为学生信息查询、报表打印、退出三项菜单设置相应快捷键【Alt+S】【Alt+R】【Alt+Q】。

注意：Windows 应用程序基本上都提供菜单项的键盘访问方式，访问键一般在菜单标题上，使用带下画线的大写字母表示。设置访问键的方法是，在"菜单名称"选项中，在设定为访问键的字母前面加上"\<"即可。如果没有指定访问键，系统将自动指定菜单项的菜单名称中的第一个字母作为访问键。

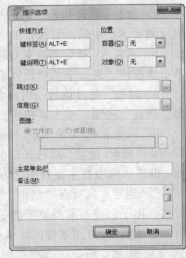

图 9-5 "提示选项"对话框

"提示选项"对话框中各选项含义如下：

- 快捷方式：指定菜单项的快捷键。只需在"键标签"文本框中按下相应快捷键即可；而"键说明"文本框中会出现同样的内容（可以修改），当菜单激活时，"键说明"文本框中的内容将显示在菜单项的标题的右侧。
- 位置：当在应用程序中编辑一个 OLE 对象时，用于指定菜单项的位置。
- 跳过：用于定义菜单项的跳过条件，用户可以在其中输入一个表达式，表达式的值决定该菜单项是否可选，当值为.T.时，该菜单项灰色显示，表示不可选；反之，菜单项可选。
- 信息：用于设置菜单项的说明信息，该说明信息将出现在状态栏中。注意信息必须使用引号括起来。
- 主菜单名：用于为菜单项指定一个标题，以便在程序代码中通过此标题引用该菜单项。
- 备注：用于输入该菜单项的注释，该注释只起增强可读性的作用。

⑤ 为"学生信息录入"菜单项创建子菜单：选择"学生信息录入"菜单项，单击其后的"创建"按钮，为其创建子菜单"学生信息录入"（命令 do form forms\学生录入）、"学分录入"（命令 do form forms\学分）、"专业信息录入"（命令 do form forms\专业），如图 9-6 所示。

⑥ 为"学生信息查询"菜单项创建子菜单：如图 9-7 所示，包括学生综合信息查询（命令 do form forms\学生综合查询）、专业人数查询（命令 do data\专业人数查询）、专业课程信息查询过程（见图 9-8）、学生分数查询过程（见图 9-9）。

⑦ 为"学生报表打印"创建子菜单：包括学生报表（子菜单）与成绩报表（子菜单），如图 9-10 所示。

⑧ 为"学生报表"菜单创建子菜单：包括浏览学生信息报表（命令 report form reports\学生信息报表 preview）、打印学生信息报表（命令 report form reports\学生信息报表 to printer prompt）、浏览学生胸卡（命令 Label form reports\学生胸卡 preview）、打印学生胸卡（命令 Label form reports\学生胸卡 to printer prompt），如图 9-11 所示。

图 9-6 "学生信息录入"子菜单

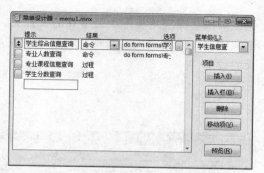

图 9-7 "学生信息查询"子菜单

图 9-8 专业课程查询过程

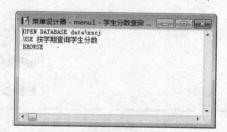

图 9-9 学生分数查询过程

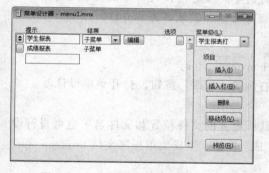

图 9-10 "学生报表打印"子菜单

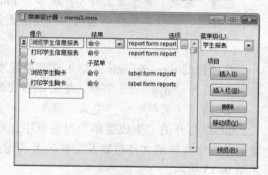

图 9-11 "学生报表"子菜单

⑨ 为"成绩报表"菜单创建子菜单：包括浏览成绩报表（命令 report form reports\成绩表 preview）、打印成绩报表（命令 report form reports\成绩表 to printer prompt），如图 9-12 所示。

⑩ 单击"文件"→"保存"命令，保存菜单于"E:\vf"文件夹中，文件名为 mymenu（扩展名为.mnx）。

在本实例中，调用菜单命令使用的是相当路径，这是一种良好的设计习惯，既不需要输入字符较多的绝对路径以节约时间，也不会出现输入错误而提高程序设计的正确率。另外，当保存文件时会直接定位默认目录。实现这一功能的前提是设置默认目录，设置默认目录的方如下：

① 单击"工具"→"选项"命令，在"选项"对话框中选择"文件位置"选项卡，如图 9-13 所示，选择"默认目录"选项，并单击"修改"按钮，打开"更改文件位置"对话框。

② 在"更改文件位置"对话框中（见图 9-14），可在"定位（L）默认目录"文本框中直接输入"学生管理系统"文件夹的位置（例如 D:\学生管理系统），也可单击右侧的"浏

览"按钮选择应用程序项目所在的文件夹，并选择"使用（U）默认目录"复选框，最后单击"确定"按钮返回"选项"对话框。在"选项"对话框中单击"确定"按钮完成默认目录的设置。

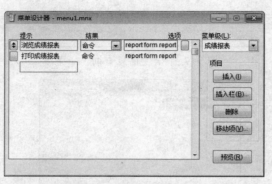

图 9-12 "成绩报表"子菜单

图 9-13   "文件位置"选项卡

注意：完成了菜单源文件（扩展名为.mnx）的创建，但是.mnx 文件不能直接运行。如果菜单需要运行或被其他程序调用，必须生成菜单程序文件（扩展名为.mpr）。

（4）生成菜单

将创建的 mymenu.mnx 菜单生成菜单程序文件 mymenu,mpr。

① 选择"mymenu"菜单，单击项目管理器右侧的"修改"按钮，打开菜单设计器。

② 选择"菜单"→"生成"菜单。

③ 在打开的"生成菜单"对话框中，使用默认设置的文件位置和文件名（也可自行设置菜单程序文件的文件位置及文件名），单击"生成"按钮，生成菜单程序文件 mymenu.mpr，如图 9-15 所示。

④ 关闭菜单设计器完成生成菜单程序文件操作。

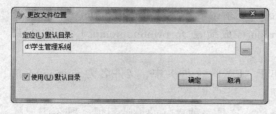

图 9-14 "更新文件位置"对话框

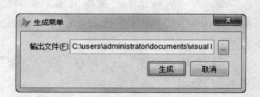

图 9-15 "生成菜单"对话框

（5）运行菜单

生成菜单程序文件后，即可运行菜单，方法如下：

① 按钮方式：选择菜单，单击项目管理器右侧的"运行"按钮，即可运行菜单。

② 命令方式：DO [路径] ＜菜单名.mpr＞（注意，一定要指定扩展名为.mpr）。

③ 菜单方式：单击"程序"→"运行"命令，在"运行"对话框中选择生成的菜单程序文件，单击"运行"按钮即可。

1. 建立快捷菜单的方法

要创建快捷菜单，只需在"新建菜单"对话框中单击"快捷菜单"按钮，打开快捷菜单设计器。创建快捷菜单步骤如下：

① 完成菜单创建工作。

② 单击"显示"→"常规选项"命令，在弹出的"常规选项"对话框中添加清理菜单命令 RELEASE POPUP ＜快捷菜单名＞，以便在执行菜单命令后能及时清除快捷菜单，释放其所占内存空间。

③ 保存快捷菜单文件并生成菜单程序文件。

④ 在表单设计器中，选定需要创建快捷菜单的对象上右击，在 RightClick 事件代码中添加调用快捷菜单程序命令：DO ＜快捷菜单名.mpr＞。

2. 在项目中为表单设计快捷菜单

创建表单"date"，并为其创建快捷菜单"menu2"，要求右击文本框调用快捷菜单 menu2.mpr。

① 在"学生管理系统"项目管理器中单击"其他"→"菜单"命令，在弹出的对话框中单击"新建"按钮，屏幕显示"新建菜单"对话框。在"新建菜单"对话框中，单击"快捷菜单"按钮，如图 9-16 所示，进入"快捷菜单设计器"窗口。实际操作上，"快捷菜单设计器"与"菜单设计器"是相同的。

② 在"提示"栏中，输入快捷菜单的菜单项，如"\<D 日期"。

③ 在"结果"列中，选择"过程"，使右侧出现"创建"按钮，如图 9-17 所示。

④ 单击"创建"按钮，屏幕显示"过程"代码窗口。

⑤ 在"过程"代码窗口中，可以输入过程代码，如图 9-18 所示。

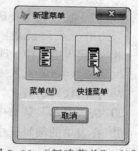

图 9-16 "新建菜单"对话框

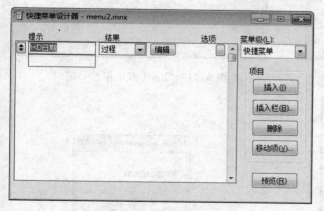

图 9-17 "快捷菜单设计器"窗口

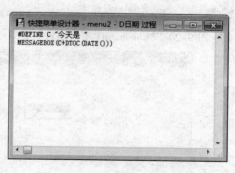

图 9-18 "日期过程"代码窗口

⑥ 关闭"过程"代码窗口。

⑦ 生成菜单。在"菜单"选项中选择"生成命令",打开"生成菜单"对话框,选择输出的路径和文件名,如"D:\学生管理系统\menu2.mpr"。

⑧ 单击"生成"按钮,生成菜单。

下面为表单添加快捷菜单,具体步骤如下:

① 在"项目管理器"中选择"文档"选项卡。

② 选择"表单"选项,单击"新建"按钮,屏幕显示"新建表单"对话框。

③ 在"新建表单"对话框中,单击"新建表单"按钮,进入"表单设计器"窗口。

④ 在"表单设计器"窗口中,添加一个编辑框控件 Edit1 和一个命令按钮控件 Command1.

⑤ 将命令按钮的"Caption"属性设置为"退出",如图 9-19 所示。

⑥ 在"显示"菜单中,选择"代码"命令。

⑦ 在代码窗口中,选择"Command1"的单击事件"Click",加入如下代码(见图 9-20):

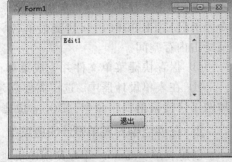

图 9-19 "表单"窗口

```
THISFORM.RELEASE
```

⑧ 在代码窗口中,选择"Edit1"的右击事件"RightClick",加入如下代码(见图 9-21):

```
DO   D:\学生管理系统\menu2.mpr
```

⑨ 关闭代码窗口。

⑩ 从"表单"菜单中,选择"执行表单"命令。

⑪ 在表单的编辑框中右击,屏幕出现快捷菜单,如图 9-22 所示。选择"日期",屏幕显示出"日期"对话框,单击确定,关闭对话框,如图 9-23 所示。

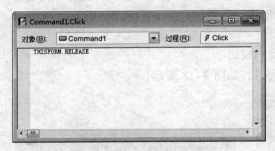

图 9-20 "Command1 单击事件"窗口

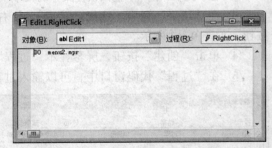

图 9-21 "Edit1 双击事件"窗口

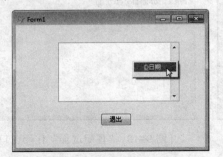

图 9-22 "快捷菜单"窗口

图 9-23 "日期对话框"窗口

系统菜单的访问与设置。

在应用程序运行期间，访问和配置系统主菜单，可以通过 SET SYSMENU 命令来操作，下面就讲解一下命令格式。

SET SYSMENU ON|OFF|AUTOMATIC|TO[MenuList]|TO [Menu TitleList]|SAVE|NO SAVE

该命令功能是在程序执行期间打开或者关闭 Visual FoxPro 系统主菜单，并且允许用户重新配置它。

参数说明：

ON：在程序执行期间，Visual FoxPro 正在等待输入一个键盘命令时，允许使用 Visual FoxPro 主菜单条。

OFF：在程序运行期间不允许使用 Visual FoxPro 主菜单条。

AUTOMATIC：在程序运行期间，使得 Visual FoxPro 主菜单条可见。

TO[MenuList]TO [Menu TitleList]：指定菜单项或 Visual FoxPro 主菜单条的标题。

SAVE：将当前菜单配置设置为默认配置。

NOSAVE：重置菜单系统为默认的 Visual FoxPro 系统菜单。

技能操作

创建一个含有 7 个按钮的自定义工具栏类 xsxt，将它存放在 MyClsLib 类库中

操作步骤如下：

① 在"项目管理器"中打开"类"选项卡，单击"新建"按钮，出现"新建类"对话框。

② 输入有关自定义类的参数。

● 在"类名"文本框中输入要创建的类的名称"xsxt"。

● 在"派生于"列表框选择"ToolBar"。

● 在"存储于"文本框选存储位置，结果如图 9-24 所示。

③ 单击"确定"按钮，打开"类设计器"窗口，如图 9-25 所示。

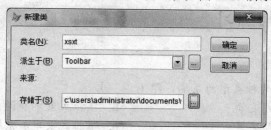

图 9-24 "新建类"对话框

④ 利用"表单控件"工具栏中的"图片"控件向类设计器中添加所需要的控件。此处添加了 7 个按钮，如图 9-26 所示。

关于各个按钮的 click 事件的代码，可以自己编写，本书也有专门的章节介绍，此处不再讲述。至此，自定义工具栏类创建完成。

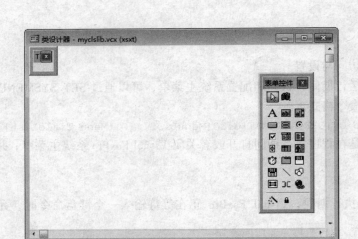

图 9-25 "类设计器"窗口

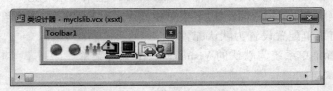

图 9-26 自定义工具栏类窗口

本章小结

本章主要讲了 4 个方面的内容：使用菜单设计器创建的菜单包括菜单项、添加代码、快捷键等，能够创建合理实用的下拉式菜单；使用菜单设计器创建的菜单（.mnx）是不能直接运行的，必须生成菜单程序文件（.mpr）才可能运行并且被调用；在顶层表单中添加下拉式菜单，该菜单与顶层表单一起使用，并能够替代某些控件完成任务；为对象创建快捷菜单，并能解决实际问题。

思考与练习

一、选择题

1. Visual FoxPro 支持两种类型的菜单，即（　　　）。
   A. 条形菜单和下拉式菜单
   B. 下拉式菜单和弹出式菜单
   C. 条形菜单和弹出式菜单
   D. 下拉式菜单和系统菜单

2. 以下关于菜单叙述正确的是（　　　）。
   A. 菜单设计完成后必须"生成"程序代码
   B. 菜单设计完成后不必"生成"程序代码，可以直接使用
   C. 菜单设计完成后如果要连编成 EXE 程序，则必须"生成"程序代码
   D. 菜单设计完成后如果要连编成 APP 程序，则必须"生成"程序代码

3. 某菜单项的名称是"编辑"，热键是【E】，则在"菜单"名称一栏中应输入（　　　）。

A. 编辑(\\<E)　　　　B. 编辑(Ctrl+E)　　　C. 编辑(Alt+E)　　　D. 编辑(E)

4. 下列说法中错误的是（　　　）。

   A. 可以使用 CREATE MENU<文件名>命令创建一个新菜单

   B. 可以使用 MODIFY MENU<文件名>命令创建一个新菜单

   C. 可以使用 CREATE MENU<文件名>命令修改已经创建了的新菜单

   D. 可以使用 OPEN MENU<文件名>命令修改已经创建了的新菜单

5. 菜单设计器的"结果"一列的列表框中可供选择的项目包括（　　　）。

   A. 命令、过程、子菜单、函数　　　　　　B. 命令、过程、子菜单、菜单项#

   C. 填充名称、过程、子菜单、快捷键　　　D. 命令、过程、填充名称、函数

6. 假设建立一个菜单 menu1，并生成了相应的菜单程序文件，为了执行该菜单程序应该使用命令（　　　）。

   A. DO MENU menu1　　B. RUN MENU menu1　　C. DO menu1　　D. DO menu1.mpr

7. 在项目管理器的（　　　）选项卡下管理菜单。

   A. "菜单"选项卡　　B. "文档"选项卡　　C. "其他"选项卡　　D. "代码"选项卡

8. 为顶层表单添加菜单 myform 时，若表单的 Destroy 事件代码为清除菜单而加入的命令是 RELEASE MENU aaa EXTENDED，那么在表单的 Init 事件代码中加入的命令应该是（　　　）。

   A. DO mymenu.mpr WITH THIS, "aaa"　　　B. DO mymenu.mpr WITH THIS "aaa"

   C. DO mymenu.mpr WITH THIS,aaa　　　　D. DO mymenu WITH THIS, "aaa"

9. 以下叙述正确的是（　　　）。

   A. 条形菜单不能分组　　　　　　　　　　B. 快捷菜单可以包含条形菜单

   C. 弹出式菜单不能分组　　　　　　　　　D. "生成"的菜单才能"预览"

10. 在 Visual FoxPro 中，使用"菜单设计器"定义菜单，最后生成的可执行的菜单程序的扩展名是（　　　）。

   A. MNX　　　　　B. PRG　　　　　C. MPR　　　　　D. SPR

11. 使用 Visual FoxPro 的菜单设计器时，选中菜单项之后，如果要设计它的子菜单，应在结果（Result）中选择（　　　）。

   A. 填充名称（Pad Name）　　　　　　　B. 子菜单（Submenu）

   C. 命令（Comman）　　　　　　　　　　D. 过程（Procedure）

12. 下列说法中错误的是（　　　）。

   A. 如果指定菜单名称为"文件(-F)"，那么字母 F 即为该表单的快捷键

   B. 如果指定菜单名称为"文件(\\<F)"，那么字母 F 即为该表单的访问键

   C. 要将菜单项分组，系统提供的分组手段是在两组菜单项之间插入一条水平的分组线，方法是在相应行的"菜单名称"列上输入"\\-"两个字符

   D. 指定菜单项名称，也称为标题，只是用于显示，并非名字

13. 用户可以在"菜单设计器"窗口右侧的（　　　）列表框中查看菜单所属的级别。

   A. 菜单项　　　　B. 菜单级　　　　C. 预览　　　　D. 插入

14. 在定义菜单时，若要编写相应功能的一段程序，则在结果一项中选择（　　　）。

   A. 命令　　　　　B. 填充名称　　　　C. 子菜单　　　　D. 过程

15. 无论是条形菜单还是弹出式菜单，当选择其中某个选项时都会执行一定的动作。这个动作不可以是（　　　）。

   A. 执行一个程序　　　　　　　　　　　　B. 执行一条命令

第 9 章　菜单的设计与应用

C. 执行一个过程　　　　　　　　　　　D. 激活另一个菜单

16. 若要将 Visual Foxpro 的系统菜单恢复成默认设置，使用的命令是（　　　　）。

    A. SET SSMENU TO DEFAULT　　　　　B. SET SYSMENU OFF

    C. SET SYSMENU ON　　　　　　　　　D. SET SYSMENU AUTOMATIC

17. 在菜单设计中，可以在定义菜单名称时为菜单项指定一个访问键。指定访问键为 "x" 的菜单项名称定义是（　　　　）。

    A. 综合查询(/>X)　　　　　　　　　　B. 综合查询(/>>X)

    C. 综合查询(/<X)　　　　　　　　　　D. 综合查询(/<<X)

18. 执行 Visual Foxpro 生成的应用程序时，调用菜单后，便在屏幕上一晃即逝。这是因为（　　　　）。

    A. 需要连编　　　　　　　　　　　　B. 没有生成菜单程序

    C. 要用命令方式　　　　　　　　　　D. 缺少 READ EVENTS 命令和 CLEAR EVENTS 命令

19. 在菜单设计器中，若要将定义的菜单分组，应该在"菜单名称"列上输入（　　　　）字符。

    A. |　　　　　　　B. -　　　　　　　C. \-　　　　　　　D. _

20. 为表单建立了快捷菜单 mymenu，调用快捷菜单的命令代码 DO mymenu.mpr WITH THIS 应该放在表单的（　　　　）中。

    A. Destory 事件　　　　　　　　　　B. Init 事件

    C. Load 事件　　　　　　　　　　　　D. RightClick 事件

二、填空题

1. 用菜单设计器设计菜单文件的扩展名是_____，生成的菜单程序文件的扩展名是_____。有一菜单程序文件为 mymenu.mpr，则运行该菜单程序的命令是_____。

2. 恢复 Visual Foxpro 系统菜单的命令是_____。

3. 某菜单项名称为 "Save"，要为该菜单设置热键【Alt+S】，则在名称中的设置为_____。

4. 当用户在选定的对象上右击时出现的菜单称为_____。

5. 使用_____键可以在不显示、不选择菜单的情况下使用按键直接选择菜单中的一个菜单项。

6. 在设计菜单时，可使用分隔线将内容相关的菜单项分隔成组。为了这个目的，可以在空的"菜单名称"栏中输入符号_____创建一条分隔线。

7. 在菜单设计器窗口中，要为某个菜单项定义快捷键，可利用_____对话框。

8. 控件上的"快捷菜单"一般用右击来激活，相应的事件名称是_____。

9. "菜单设计器"中负责插入 Visual FoxPro 系统菜单命令的命令按钮名称是_____。

10. 快捷菜单实质上是一个弹出式菜单。要将某个弹出式菜单作为一个对象的快捷菜单，通常是在对象的_____事件代码中添加调用该弹出式菜单程序的命令。

11. 要将一个弹出式菜单作为某个控件的快捷菜单，通常是在该控件的_____事件代码中添加调用弹出式菜单程序的命令。

12. 在菜单设计器中的"结果"框中选择"过程"，然后单击_____按钮，这时出现一个过程编辑窗口，输入正确的代码。

13. 设计菜单时，可以使用_____功能在 Visual Foxpro 主菜单系统的基础上"快速"创建用户的菜单系统。

三、简答题

1. 简述创建菜单系统的操作步骤。
2. 什么是菜单程序。

四、上机操作题

1. 创建不同类型的菜单，完成相应的菜单规划、菜单创建与菜单设计。
2. 创建"报表打印"表单，并将 mymenu 菜单进行修改，"报表打印"菜单直接调用"报表打印"表单，生成菜单程序文件并运行菜单，进行菜单测试。保存于"教职工管理"文件夹下的"forms"文件夹中。
3. 设计一个快捷菜单，可以实现添加记录和删除记录功能。
4. 修改 menu1 菜单，添加主菜单"字号"（12，20，28），并能设置 font 表单中标签 Label1 的字体大小（提示"字号"菜单中的"12"子菜单的命令为：font.Label1.Fontsize=12）。

第⑩章

→ 报表设计

实际工作中常需要制作和传送各种报表，Visual FoxPro 9.0 提供的报表功能可以方便地完成报表的制作。它不仅可以按表格的形式设计报表中数据的格式，还可以计算和统计报表的数据，并可在报表中添加图片美化报表。

知识目标：

- 掌握报表向导的使用方法；
- 了解快速报表的设计方法；
- 熟悉报表设计器使用方法；
- 学会报表控件的使用及美化报表的方法；
- 了解标签向导及设计器的使用方法。

10.1 使用向导创建报表

报表为用户在打印的文档中显示并总结数据提供了灵活的途径，是数据库功能中重要的一部分。

1. 报表的组成

报表是 Visual FoxPro 9.0 应用程序中输出数据的设计工具之一，能够按照用户需要的格式将数据表中的数据以报表形式打印在打印纸上。报表包括两个基本组成部分：数据源和报表布局。

数据源主要是定义报表中数据的来源，它可以是表（包括数据库表和自由表）、视图、查询或临时表。报表可用来显示数据源中的内容。此外，报表中的数据还可以是某些数据的运算结果。

报表布局定义了报表中各显示内容的位置和格式。在 Visual FoxPro 9.0 中设计报表主要是设计报表布局，并将布局保存到报表文件中。

注意：设计的报表保存在扩展名为.FRX 报表文件和.FRT 报表备注文件中。报表文件只保存报表的格式，不保存报表设计中需要的数据源的数据，每次运行报表时，都将根据报表的设计从数据源中获取报表数据以输出报表。因此，当报表数据源的数据变化时，报表将输出变化后的数据。

在 Visual FoxPro 9.0 中，建立报表之前，首先必须确定报表类型，然后再创建报表布局。表 10-1 是常见的报表样式及说明。

表 10-1　常见的报表样式及说明

类型	说　明	示　例
列	逐行显示记录，每条记录的字段在页面上水平方向放置	学生登记表和统计报表
行	逐行显示记录，每条记录的字段在一侧竖向放置	货物列表
一对多	一条记录或一对多关系	会计报表和发票
多列	多列显示记录，每条记录的字段沿左侧边缘竖向放置	电话号码和名片
标签	多列显示记录，每条记录的字段沿左边缘竖直放置，打印在特殊纸上	邮件标签和销售总结标签

2. 创建报表的方法

常用的创建方法有 3 种：报表向导、快速报表、报表设计器。

① 用报表向导创建简单的报表或者一对多报表。

② 用快速报表从单表中创建一个简单报表。

③ 用报表设计器修改或创建用户自己的报表。

使用上述任何一种方法，都可以创建一个可用报表设计器进行修改的报表布局文件。报表向导是创建报表最简单的方法，并且报表向导可以自动提供报表设计器许多固定的特征。快速报表也是创建一个简单布局的最快方法。如果要在报表设计器中直接创建一个报表，那么报表设计器将显示一个空白布局。

3. 报表向导的使用

"报表向导"是创建报表最简单的方法。报表向导分为两种：报表向导和一对多报表向导。

① 报表向导可以根据一个表来创建报表文件。

② 一对多报表向导可以根据具有一对多关系的两个表创建报表文件。

下面介绍用"报表向导"将"教师报表"创建一个简单的报表，操作步骤如下：

① 启动报表，可以通过下列 3 种方法实现：

a. 在项目管理器中的"全部"或"文档"选项卡中选择"报表"选项，单击"新建"按钮，打开如图 10-1 所示的对话框，然后单击"报表向导"按钮。

b. 单击"文件"→"新建"命令，在"新建"对话框中选择"报表"单选按钮，然后单击"向导"按钮。

c. 单击"工具"→"向导"→"报表"命令。

② 按照上述方法之一操作，都打开"向导选取"对话框，如图 10-2 所示。选择其中的"报表向导"类型，单击"确定"按钮，系统进入向导过程。

图 10-1　"新建报表"对话框

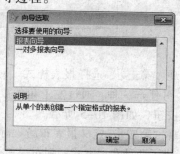

图 10-2　"向导选取"对话框

③ 出现"第一步-字段选取"对话框，要求用户确定报表中的数据源（表或视图）并选取所要的字段，选取"XSCJ"数据库中的"STUDENT"表中的所有字段，单击"下一步"按钮，如图 10-3 所示。

④ 出现"第二步-分组记录"对话框，报表中的记录可以按一定的条件进行分组，向导提供了 3 个条件，这 3 个条件不是并列关系，而是分层关系。分组时，先按第一个条件进行分组，再将多个组中的记录按第 2 个条件进行分组，依次类推。单击"分组选项"按钮，可以确定分组字段的字段间隔。单击"总结选项"按钮，可以对数值字段进行求和、求平均值，以及确定报表中是否包含有小计和总计等。不进行分组，单击"下一步"按钮，如图 10-4 所示。

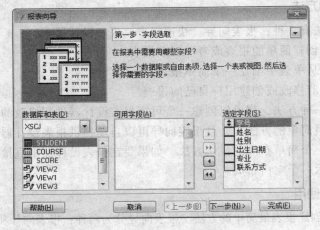

图 10-3 "字段选取"对话框

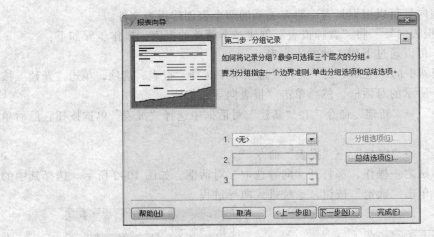

图 10-4 "分组记录"对话框

⑤ 出现"第三步-选择报表样式"对话框，在"选择报表样式"对话框中，提供了几种报表样式，可任选一种，通过左上角的放大镜可以观看选取的样式。选择"账务式"，再单击"下一步"按钮，如图 10-5 所示。

⑥ 出现"第四步-定义报表布局"对话框，在"定义报表布局"对话框中，确定报表的布局，向导提供了两种布局方式：列布局和行布局。如果选择列布局时，还可以进一步选择列数，也就是确定多列布局格式。选择列布局、方向为纵向，单击"下一步"按钮，如图 10-6 所示。

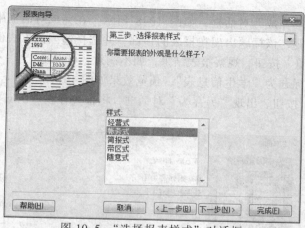

图 10-5 "选择报表样式"对话框

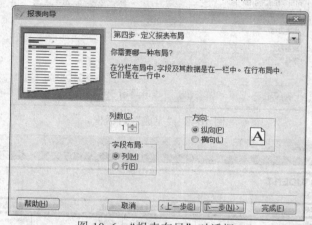

图 10-6 "报表布局"对话框

⑦ 出现"第五步-排序记录"对话框，在"排序记录"对话框中，用于确定报表中记录的输出次序，最多设定 3 个用于排序的字段，按"选定字段"框中字段的先后顺序进行排序，排在前面的优先排序。在这里选择"学号"字段，降序排序，然后单击"下一步"按钮，如图 10-7 所示。

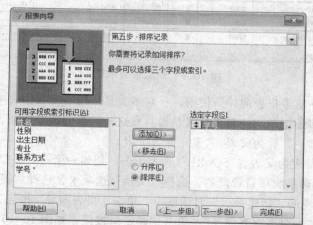

图 10-7 "排序记录"对话框

⑧ 出现"第六步-完成"对话框，如图 10-8 所示，在完成对话框中，要求用户为所创建的报表输入一个标题，该标题出现在报表的顶部，并选择适当的方式保存报表。在完成报表前，最好单击"预览"按钮，观察报表结果，如不满意，可单击"上一步"按钮进行修改，直到满意为止。输出标题为"学生信息表"，预览效果如图 10-9 所示。

⑨ 单击"完成"按钮，出现"另存为"对话框，将报表存在"D:\vf"文件夹下，并命名为"student.FRX"。

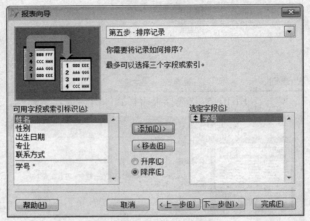

图 10-8 "完成"对话框

| 报表设计器 - 报表2 - 页面 1 |

STUDENT
07/27/15

学号	姓名	性别	出生日期	专业	联系方式
201206300240	高婷婷	女	08/15/94	工程造价	159×××8191
201206300239	于淼	女	06/11/93	工程造价	151×××0295
201206300218	姜超	男	05/06/94	工程造价	156×××0293
201206300208	程诗凯	男	02/13/93	工程造价	151×××8290
201206300201	李晶高	男	01/12/94	工程造价	156×××1246
201202160126	方亚楠	女	09/15/94	会计电算化	187×××2309
201202160117	朱亮	女	11/04/93	会计电算化	189×××8904
201202160113	赵可新	女	08/12/93	会计电算化	158×××7890
201202160108	李童	男	09/30/93	会计电算化	151×××0987
201202160103	刘天谋	男	03/18/94	会计电算化	186×××4667

图 10-9 预览报表结果

下面介绍用"一对多报表向导"使用。一对多关系是指一个数据表中的一条记录，对应另一个数据表中的多条记录。一对多报表是指具有这种关系的两个数据表中的记录打印在一个报表中。这里的"一"称为父表，"多"称为子表。

以"STUDENT"表为父表，"SCORE"表为子表，创建一个一对多报表。

① 打开学生管理系统项目管理器，选择"文档"选项卡，选择"报表"，并单击右侧的"新建"按钮，在出现的"新建报表"对话框中，单击"报表向导"按钮，在出现的"向导选取"对话框中选择"一对多报表向导"，单击"确定"按钮，如图 10-10 所示。

② 出现"第一步–选择父表字段"对话框，选择"STUDENT"表为父表，并选择其中的学号、姓名、专业字段为父表字段，单击"下一步"按钮，如图 10-11 所示。

③ 出现"第二步–选择子表字段" 对话框，这里选择"SCORE"为子表，并选定其中的年课程号、成绩字段为子表字段，单击"下一步"按钮，如图 10-12 所示。

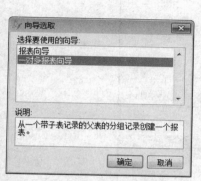

图 10-10 选择一对多报表向导

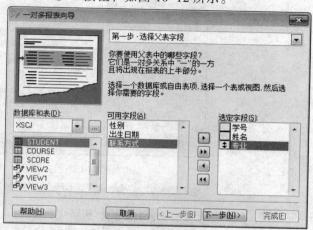

图 10-11 "选择父表字段"对话框

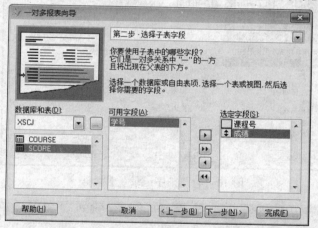

图 10-12 "选择子表字段"对话框

④ 出现"第三步–关联表"对话框，为两表建立两表之间的关联表达式。因为这两个表原来已经建立了关联，所以关联表达式为"STUDENT.学号 =SCORE.学号"，单击"下一步"按钮，如图 10-13 所示的。如果以前还没有建立关联，那么系统会提示 用户创建关联。

⑤ 出现"第四步–排序记录"对话框，确定父表中记录的输出次序。不操作，直接单击"下一步"按钮，如图 10-14 所示。

⑥ 出现"第五步–选择报表样式"对话框，确定报表样式及总结选项。选择"带区式"报表样式，单击"下一步"按钮，如图 10-15 所示。

⑦ 出现"第六步–完成"对话框，要求用户输入报表标题及保存报表方式等。报表标题设为"学生成绩一览表"。

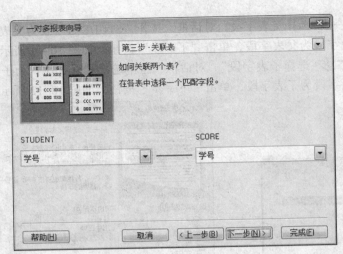

图 10-13 "关联表"对话框

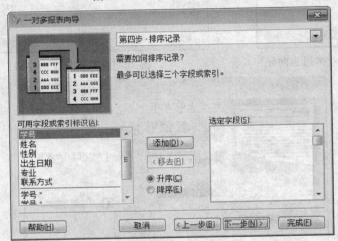

图 10-14 "排序记录"对话框

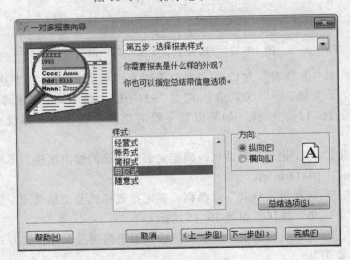

图 10-15 "选择报表样式"对话框

⑧ 单击"预览"按钮，可以查看当前定义的报表格式是否满意，如果对报表结果不满意，单击"上一步"按钮，修改相关内容，直到满意为止，预览结果如图 10-16 所示。

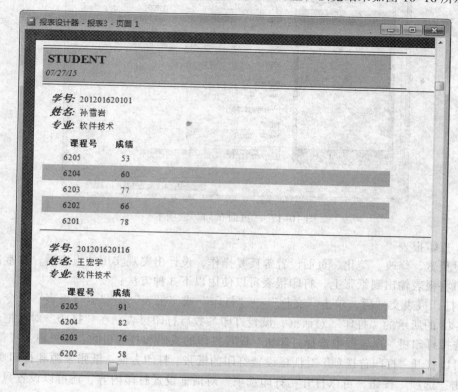

图 10-16　预览报表结果

⑨ 单击"完成"按钮，出现"另存为"对话框，设置文件保存在"D:\学生管理系统"文件夹下，并命名为"STUDENT_SCORE.FRX"。

该报表上半部分的内容来自父表"STUDENT"表，下半部分的内容来自子表"SCORE"表，两部分数据之间通过一对多关系相连接。使用报表向导所创建的报表，可以通过后面将要学到的"报表设计器"进行修改。

4. 报表打印的命令

（1）添加其他带区

列标头、列注脚：在报表页面设置时，如果设置报表的列数大于 1，在"报表设计器"窗口中还会出现列标头和列注脚两个带区。

① 列标头：用于打印在每一列（一栏）的标头。

② 列注脚：用于打印在每一列（一栏）的注脚。

（2）设置页面

单击"文件"→"页面设置"命令，弹出"报表属性"对话框"页面布局"选项卡，包括设置页面的列数，每列的宽度，打印记录的顺序（列数大于 1 时），打印设置中的打印机驱动程序，纸张大小及方向等，如图 10-17 所示。

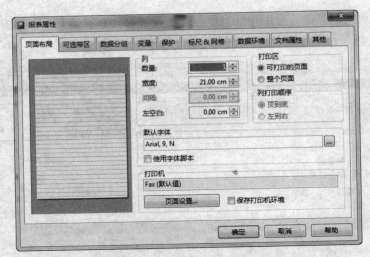

图 10-17 "页面布局"选项卡

（3）打印报表

经过预览、修改、美化、页面设置等反复操作，设计出美观实用的报表后，常常需要使用打印机将报表输出到纸张上，打印报表可以使用以下 3 种方法：

① 打开报表文件后，单击"文件"→"打印"或"报表"→"运行报表"命令，打开如图 10-18 的所示的"打印"对话框，设置打印参数后打印报表。在"打印"对话框中，可以从"选择打印机"列表框中选择打印机、设置打印的页码和打印份数。如果单击"首选项"按钮，可以打开"打印首选项"对话框设置打印的纸张、打印方向、纸张来源和打印质量等。如果单击"选项"按钮，可以打开"打印选项"对话框设置打印内容，还可以设置只打印满足条件的记录。

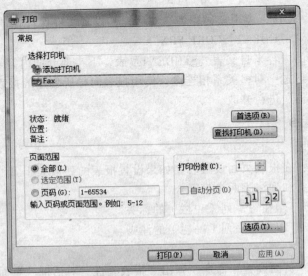

图 10-18 "打印"对话框

② 打开报表文件后，单击"常用"工具栏的"打印"按钮，按 Visual FoxPro 的默认设置打印报表。

③ 使用命令打印报表。打印报表命令的格式为：

`REPORT FORM <报表文件名> [TO PRINTER[PROMPT]] [PREVIEW]`

功能：显示或打印指定的报表。如果不含 TO PRINTER、PREVIEW 子句，则将报表输出到屏幕或活动窗口中。

说明：

① TO PRINTER：指定将报表从打印机输出。若带上 PROMPT 选项，则在打印开始之前显示"打印"对话框，可以设置打印页范围、打印份数以及打印机参数。PROMPT 选项应紧跟在 TO PRINTER 子句之后。

② PREVIEW 表示用页面预览的方式在屏幕上显示报表，而不打印报表。

例如，打印 D:\学生管理系统\REPORTS 文件夹下的"STUDENT_SCORE.FRX"，准备好打印机后，可以执行如下命令：

`REPORT FORM E:\职工管理\REPORTS STUDENT_SCORE TO PRINTER`

执行该命令时，Visual FoxPro 同时在当前窗口和打印机中输出指定报表的内容。

10.2　使用报表设计器创建报表

为了满足用户创建较为复杂或理想的报表，Visual FoxPro 9.0 还提供了另一种报表设计方法，即使用报表设计器。用户可以把字段和控件添加到空白报表中，虽然操作起来比较麻烦，但是却能设计出美观大方、实用的报表。

1．创建快速报表

快速报表是在报表设计器基础上快速制作报表，从而创建出一个简单的报表。创建时，必须先打开报表设计器，才能使用快速报表功能。

例如，使用快速报表功能创建一个以"教师部门表"为基础的报表。

① 在项目管理器中，选择"文档"选项卡，选择"报表"，并单击"新建"按钮，出现"新建报表"对话框，单击"新建报表"按钮，出现"报表设计器"窗口，如图 10-19 所示。

② "报表设计器"窗口中一个报表通常被分成若干个空白区域，把它称为带区，首次启动报表设计器时，报表布局中默认有 3 个带区：页标头、细节和页注脚。除了 3 个默认带区以外，还有其他带区，可根据需要进行增加，操作方法是通过"报表"菜单设置。

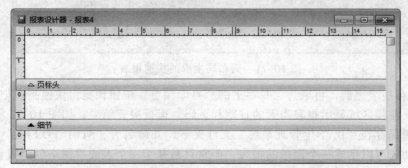

图 10-19　"报表设计器"窗口

在报表设计器中，各带区名称及用途如表 10-2 所示。

表 10-2　带 区 用 途

名　　称	用　　途
标　题	每报表只使用一次，打印在整个报表的第一页，用来设置报表的标题
页标头	每页使用一次，打印在每一页报表的上方，用来设置每页的标题
组标头	每组只使用一次，打印在每组的开头，用来设置组标题
细　节	每条记录使用一次，用来设置数据源中的数据
组注脚	每组只使用一次，打印在每组的结束处，用来设置每组数据的统计值
页注脚	每页使用一次，打印在每一页报表的上方，用来设置日期、页码等
总　结	每报表只使用一次，打印在整个报表的最后一页，用来设置报表的总结

③ 单击"报表"→"快速报表"命令，出现"打开"对话框，确定创建报表所需要的数据及数据表，选择"STUDENT"表为数据源，单击"确定"按钮，屏幕出现"快速报表"对话框，如图 10-20 所示。

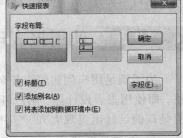

图 10-20　"快速报表"对话框

注意：在创建报表时，若先打开了报表的数据源，则单击"报表"→"快速报表"命令时不会弹出"打开"对话框。若以视图为数据源，则必须先打开视图，再选择"快速报表"命令，这样才能确保视图数据源的添加。

④ 如果在新创建的报表中选择部分字段，单击"快速报表"对话框中的"字段"按钮，打开"字段选择器"对话框，选择报表需要的字段，如果不进行字段选择，系统默认选择全部字段。这里选取"STUDENT"表的全部字段，并选择列布局。单击"快速报表"对话框中的"确定"按钮，建立的快速报表显示在报表设计器窗口中，如图 10-21 所示。

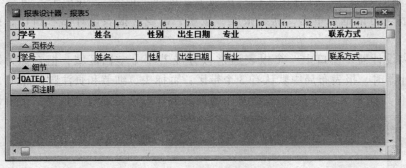

图 10-21　列布局生成的快速报表

⑤ 在保存报表之前，可通过工具栏上的"打印预览"按钮预览由快速报表创建的报表，每页报表的页注脚区域显示报表当天的日期和页码，运行报表结果，如图 10-22 所示。把所得的报表结果保存在"D:\学生管理系统"文件夹下，并命名为"STUINFO.FRX"。因此，使用快速报表功能可以生成一个简单的报表，但它只是基于一个表或视图来创建报表，并且通用型的字段内容无法显示。

学号	姓名	性别	出生日期	专业	联系方式
201201620101	孙雪岩	男	10/08/94	软件技术	13686438912
201201620116	王宏宇	男	05/14/93	软件技术	18678432467
201201620117	王威	男	08/09/94	软件技术	15634902468
201201620130	付美娜	女	11/24/95	软件技术	15898321023
201201620132	陈传晶	女	01/21/94	软件技术	18934567283
201201180108	魏玉喆	男	12/15/94	网络技术	15123458930
201201180122	孙哲	女	08/30/93	网络技术	15156790897
201201180124	张静	女	07/11/93	网络技术	13923023598
201201180127	于美玲	女	05/23/94	网络技术	13689230495
201201180138	刘佳	男	09/22/93	网络技术	13649034923
201201010602	朱瑞	男	04/30/93	机电一体化	15137829102
201201010620	乔广玉	男	06/12/94	机电一体化	15123874571
201201010622	刘迎	男	10/11/94	机电一体化	18678342789
201201010629	陈爱国	男	09/15/93	机电一体化	18943092358
201201010635	安冬雪	女	12/12/93	机电一体化	15123468902
201206300201	李品高	男	01/12/94	工程造价	15638921246
201206300208	程诗凯	男	02/13/93	工程造价	15128958290
201206300218	美超	男	05/06/94	工程造价	15634980293
201206300239	于淼	女	06/11/93	工程造价	15139010295
201206300240	高嫦嫦	女	08/15/94	工程造价	15930928191
201202160103	刘天谋	男	03/18/94	会计电算化	18698014667

图 10-22　快速报表浏览结果

2. 修饰报表

修饰报表是报表操作中非常重要的一个环节。在创建报表后，对报表中各控件进行适当的修饰，达到美化报表的目的，主要包括选择、移动、删除控件等。

（1）控件的选定

控件的选定即选择一个控件。单击"报表控件"工具栏中的"选择对象"按钮，在报表布局中单击某个控件对象，则该对象被选定。在选定对象的四周会出现由 8 个控制柄围起来的一个矩形框。如果单击报表的其他位置，将取消对控件的选择。

如果要选择连续的多个控件，可先单击"报表控件"工具栏上的"选择对象"按钮，再通过拖动拖出一个矩形的选择框，此时选择框内部的控件将全部被选中。

如果要选择不连续的多个控件，先按住【Shift】键，再依次单击需要选择的控件。

如果要选择所有控件，可按【Ctrl+A】组合键或单击"编辑"→"全部选定"命令。选择多个控件后，如果单击报表中选定控件外的其他位置，将取消对所有控件的选择。

（2）改变控件尺寸

设计报表时，经常需要改变控件的大小，以达到美化报表的目的。选择报表控件后，拖动控件的控制柄可以缩放控件。

① 粗调。选择报表控件后，将鼠标指针指向某条边上的控制柄，按下鼠标左键指针将变成双箭头形状，此时拖动鼠标可以按箭头指示的方向缩放控件。选择报表控件后，将鼠标指针指向某个角上的控制柄，按下鼠标左键指针将变成 4 个箭头形状，此时拖动鼠标可以成比例缩放控件。

② 精确调整。用鼠标左键在对象左边或右边的控制柄上单击，每单击一次对象就会向右移动一个像素位置。用鼠标左键在对象上边或下边的控制柄上单击，每单击一次对象就会下移一个像素位置。用鼠标左键在对象右边上下两角的控制柄上单击，可同时向右、向下移动。

如果按住【Shift】键的同时按【→】键，对象将变宽；在按住【Shift】键的同时按【←】

第10章　报表设计

229

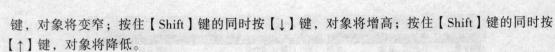

键，对象将变窄；按住【Shift】键的同时按【↓】键，对象将增高；按住【Shift】键的同时按【↑】键，对象将降低。

③ 相对大小。若同时选中了大小不同的多个对象，可以调整它们之间的相对大小。单击"格式"→"大小"级联菜单中的命令，可以选择按最高对象调整、按最低对象调整、按最宽对象调整、按最窄对象调整。

在布局工具伴中有 3 个按钮可以调整大小。"相同高度"按钮相当于"调整到最高"选项，"相同宽度"按钮相当于"调整到最宽"选项，"相同大小"按钮可以使所有选定对象的大小一样。

（3）对齐控件

设计报表时，常常需要使控件按行或列对齐，或者使一组控件具有相同的宽度或高度。使用鼠标拖动法很难精确对齐控件，也很难精确设置控件的大小。单击"格式"→"对齐"命令，或打开如图 10-23 所示的"布局"工具栏，可精确对齐控件和设置控件大小。

（4）移动控件的位置

快速移动控件：用鼠标拖动控件，可以快速移动控件的位置。如果先选择多个控件，再用鼠标拖动其中某个控件，则可以同时移动多个控件的位置。

图 10-23 "布局"工具栏

Visual FoxPro 9.0 可以按左边对齐、右边对齐、顶边对齐、底边对齐、垂直居中对齐、水平居中对齐、垂直居中、水平居中等方式对齐控件。精确对齐控件时，请先选择需要对齐的多个控件，再单击"布局"工具栏上的对齐按钮或"格式"→"对齐"命令。

Visual FoxPro 9.0 可以按相同宽度、相同高度、相同大小设置控件大小。设置多个控件相同大小时，请先选择需要设置大小的多个控件，再单击"布局"工具栏上设置控件大小的按钮。

（5）复制与粘贴控件

如果报表中有多个相同的控件，则创建了其中的一个控件后，可以使用复制的方法创建其他控件，以提高工作效率。复制报表控件的一般操作步骤如下：

① 选择需要复制的控件。

② 单击"常用"工具栏上的"复制"按钮或"编辑"→"复制"命令，把控件复制到剪贴板上。

③ 单击"常用"工具栏上的"粘贴"按钮或"编辑"→"粘贴"命令。

完成以上操作后，复制出的报表控件就出现在选定控件附近。用户可以把复制出的控件移动到目标位置。

（6）删除控件

选择需要删除的控件，单击"常用"工具栏上的"剪切"按钮或按【Del】键。

（7）撤销与重做操作

如果某个编辑操作做错了，单击"常用"工具栏上的"撤销"按钮撤销刚做的操作。如果撤销操作做错了，单击"常用"工具栏上的"重做"按钮重做被撤销的操作。

撤销功能只能撤销刚做的一次操作，重做功能也只能重做刚撤销的操作。如果撤销操作后又执行了其他编辑操作，则不能重做被撤销的操作。

3. 创建和修改报表的命令方法

（1）新建报表命令

格式：CREATE REPORT ＜报表文件名＞

说明：＜报表文件名＞指定要创建的报表的文件名，其中可以包含路径。

例如，在"D:\学生信息系统"文件夹中创建一个文件名为工资.FRX 的空白报表，可以执行如下命令：

CREATE REPORT D:\学生信息系统\学生基本信息

（2）修改报表命令

格式：MODIFY REPORT ＜报表文件名＞

功能：打开指定的报表文件。

例如，要打开"D:\学生信息系统"文件夹中的学生基本信息.FRX 报表，可以执行如下命令：

MODIFY REPORT D:\学生信息系统\学生信息

扩展知识

使用命令打印和预览报表

格式：

```
REPORT FORM Reportname|?[Scope][FOR lExpression1][WHILE lExpression2]
                [HEADING cExpression][NOCONSOLE][PLAIN]
                [PREVIEW][IN WINDOW FormName|IN SCREEN]
                [TO PRINTER][PROMT|TO FILE FileName][SUMMARY]
```

说明：

① Scope,FOR lExpression1, WHILE lExpression2 均省略：指全部记录。

② HEADING cExpression：指定页标头。

③ PLAIN：指定只在报表开始位置出现的页标题。当 HEADING 和 PLAIN 同时选定时，应把 PLAIN 子句放在前面。

④ NOCONSOLE：指定输出报表时，不在 Visual FoxPro 主窗口或当前活动窗口显示有关信息。

⑤ PREVIEW：预览报表。

⑥ IN WINDOW FormName|IN SCREEN：将报表输出到表单还是屏幕。

⑦ TO PRINTER[PROMT|TO FILE FileName：将报表打印输出还是写入一个文件，打印输出时，若有 PROMPT 关键字，则在开始打印前显示"打印机设置"对话框。

⑧ SUMMARY：指定只打印总计和分类总计信息。

例如，用命令方式浏览报表 abc.frx：

REPORT FORM abc PREVIEW

技能操作

1. 用"标签向导"创建标签

操作步骤如下：

① 打开标签向导：单击"文件"→"新建"→"标签"→"向导"命令，打开"标签向导"对话框，如图 10-24 所示。

② 选择"student"表，然后进入"选择标签类型"页面，选择公制单位，23.4 mm × 89 mm，

如图 10-25 所示。

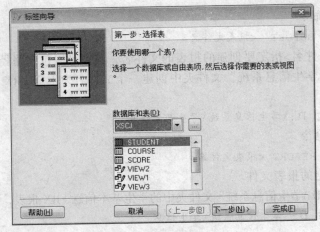

图 10-24 "标签向导"对话框

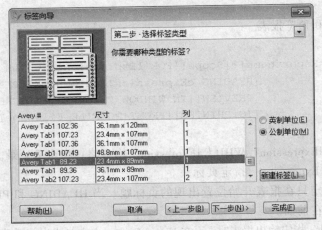

图 10-25 "选择标签类型"对话框

③ 定义标签布局：在其中输入有关内容，添加结果如图 10-26 所示。

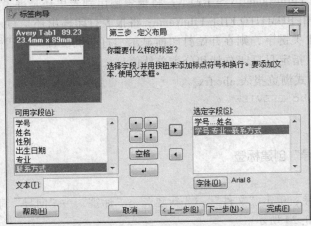

图 10-26 "定义布局"对话框

④ 排序记录：选择学号升序排序。

⑤ 存盘并预览：可将标签存储为 xs.lbx 并预览，结果如图 10-27 所示。

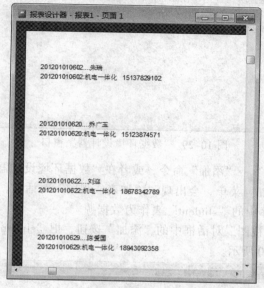

图 10-27　预览标签

2. 使用报表设计器创建一个以"STUDENT"表为数据源的报表

操作步骤如下：

① 启动报表设计器，如图 10-28 所示。

② 添加标题带区。单击"报表"→"可选带区"命令，在弹出的"报表属性"对话框"可选带区"选项卡中，设置报表标题或总结带区。选择"报表有标题带区"复选框，单击"确定"按钮。

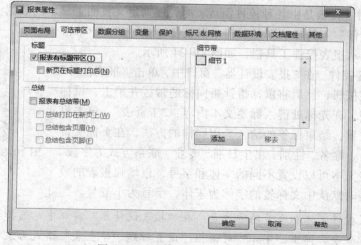

图 10-28　"报表属性"对话框

③ 设置数据环境。设置数据环境就是为报表选取所需要的数据表或视图。

a. 单击"显示"→"数据环境"命令，或者在"报表设计器"窗口中右击，打开快捷菜单，选择"数据环境"命令，打开数据环境设计器窗口，如图 10-29 所示。

图 10-29　"数据环境设计器"窗口

b. 单击"数据环境"→"添加"命令，或者在"数据环境设计器"窗口中右击，在弹出的快捷菜单中选择"添加"菜单，会出现"添加表或视图"对话框，添加报表所需要的数据源，选择"Xscj"数据库中的"student"表作为数据源。

c. 单击"添加表或视图"对话框中的"添加"按钮，把"student"表添加到数据环境设计器窗口中，如图 10-30 所示。

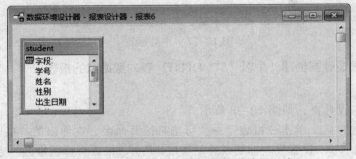

图 10-30　添加表到"数据环境设计器"中

④ 添加控件。报表是由各种控件组成，用控件来定义页面上显示的数据。如果屏幕上没有显示"报表控件"工具栏，则可以在"报表设计器"窗口中单击"显示"→"报表控件工具栏"命令，显示报表控件工具栏，如图 10-31 所示。

a. 添加标签控件。在"报表设计器"窗口中，单击"报表控件"工具栏中的标签按钮，然后将鼠标指针指向标题带区并单击，鼠标指针会变成 I 型，在光标处键入标签文本内容："工资表"，单击报表布局的其他位置，结束标签的输入。用同样的方法，在页标头带区分别输入学号、姓名、性别、出生日期、专业、联系方式等字段。页标头内的这些文本可以设置不同的字体和字号，以增强报表的效果。在创建报表时默认中文标签的字体为宋体，字号为小五号。

图 10-31　"报表控件"工具栏

注意：设置控件字体和字号的方法是：在"报表设计器"窗口中，选择控件，单击"格式"→"字体"命令，弹出"字体"对话框，设置标题"学生表"格式为隶书、小一号字，页标头各标签字体格式为宋体、五号字，如图 10-32 所示。

b. 添加域控件。域控件是报表设计中最重要的控件，用于表达式、字段、内存变量的显示，用来表示表中字段，变量和计算结果的值。报表打印时，将它们的值打印出来。

添加域控件有两种方法：

● 从数据环境中添加。

在"数据环境设计器"窗口中，选择要添加数据表中的字段，按下鼠标左键，将该字段拖到报表区域，本实例中将数据环境"STUDENT"表中的学号、姓名、性别、出生日期、专业、联系方式等字段分别拖到细节带区内，并与页标头带区内相应的标头纵向对齐。

● 从报表控件工具栏中添加。

单击"报表控件"工具栏中的"域控件"按钮，将鼠标指针指向要放置域控件的位置单击，弹出"字段属性"对话框，如图 10-33 所示。在"表达式"文本框中可以直接输入一个字段表达式"年月份"，也可以通过"表达式"文本框后面的按钮打开"表达式生成器"对话框，双击选定的字段名，实现输入。

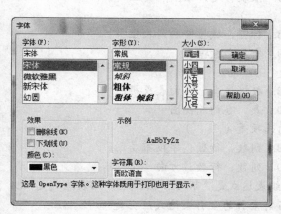

图 10-32 "字体"对话框

图 10-33 "字段属性"对话框

⑤ 设置报表属性。在"报表数据环境设计器"窗口中右击，选择"属性"命令，打开"属性"对话框，在对象组合框中选择表对象，选择"数据"选项卡，设置 Filter 属性值为"年月份='2015/03'"。其功能是为了只显示表中 2015 年 3 月份的。

⑥ 预览报表结果。方法有以下 3 种：

a. 单击"常用"工具栏上的"打印预览"按钮。

b. 单击"文件"→"打印预览"命令。

c. 单击"显示"→"预览"命令。

⑦ 保存报表。将所得报表保存在"D:\学生管理系统"文件夹下，并命名为"学生信息表.FRX"。

本章小结

报表是 Visual FoxPro 9.0 输出数据的重要工具。报表包括数据源和数据两部分。数据源指定了报表中数据的来源，可以是表、视图、查询、临时表等。数据布局指定了报表中的各个输出控件的格式和布局。报表从数据源中提取数据，并按照布局定义的布局和格式输出数据。Visual FoxPro 9.0 的报表功能可以按设计的形式在屏幕和打印机输出报表。用户通过报表向导、报表设计器（快速报表）或命令创建报表。其中报表设计器是创建和修改报表的有用工具。而快速报表方法是使用报表设计器创建报表简单布局的最快途径。

思考与练习

一、选择题

1. Visual FoxPro 的报表文件.FRX 中保存的是（　　）。
   A. 打印报表的预览格式　　　　　　　　B. 打印报表本身
   C. 报表的格式和数据　　　　　　　　　D. 报表设计格式的定义

2. 在创建快速报表时，基本带区包括（　　）。
   A. 标题、细节和总结　　　　　　　　　B. 页标头、细节和页注脚
   C. 组标头、细节和组注脚　　　　　　　D. 报表标题、细节和页注脚

3. 在"报表设计器"中，可以使用的控件是（　　）。
   A. 标签、域控件和线条　　　　　　　　B. 标签、域控件和列表框
   C. 标签、文本框和列表框　　　　　　　D. 布局和数据源

4. 下面关于报表的数据源的陈述中最完整的是（　　）。
   A. 自由表或其他报表　　　　　　　　　B. 数据库表、自由表或视图
   C. 数据库表、自由表或查询　　　　　　D. 表、查询或视图

5. 使用报表向导定义报表时，定义报表布局的选项是（　　）。
   A. 列数、方向、字段布局　　　　　　　B. 列数、行数、字段布局
   C. 行数、方向、字段布局　　　　　　　D. 列数、行数、方向

6. 如果要创建一个数据组分组报表，第一个分组表达式是"部门"，第二个分组表达式是"性别"，第三个分组表达式是"基本工资"，当前索引的索引表达式应当是（　　）。
   A. 部门+性别+基本工资　　　　　　　　B. 部门+性别+STR(基本工资)
   C. STR(基本工资)+性别+部门　　　　　　D. 性别+部门+STR(基本工资)

7. 修改报表、打开"报表设计器"的命令是（　　）。
   A. UPDATE REPORT　　　　　　　　　　B. MODIFY REPORT
   C. REPORT FROM　　　　　　　　　　　D. EDIT REPORT

8. 使用"快速报表"时需要确定字段和字段布局，默认将包含（　　）。
   A. 第 1 个字段　　　　　　　　　　　　B. 前 3 个字段
   C. 空（即不包含字段）　　　　　　　　D. 全部字段

9. 为了在报表中加入一个表达式，这时应该插入一个（　　）。
   A. 表达式控件　　　B. 域控件　　　　C. 标签控件　　　D. 文本控件

10. 打印报表的命令是（　　）。
    A. REPORT FORM　　　　　　　　　　　B. PRINT REPORT
    C. DO REPORT　　　　　　　　　　　　D. RUN REPORT

11. 在"报表设计器"中，任何时候都可以使用"预览"功能查看报表的打印效果。以下几

种操作中不能实现预览功能的是（　　　）。

  A. 打开"显示"菜单，选择"预览"选项

  B. 直接单击"常用"工具栏上的"打印预览"按钮

  C. 在"报表设计器"中右击，从弹出的快捷菜单中选择"预览"命令

  D. 打开"报表"菜单，选择"运行报表"选项

12. 建立报表、打开报表设计器的命令是（　　　）。

  A. NEW REPORT   B. CREATE REPORT

  C. REPORT FORM   D. START REPORT

13. 在项目管理器的（　　　）选项卡下管理报表。

  A. "报表"选项卡   B. "程序"选项卡

  C. "文档"选项卡   D. "其他"选项卡

14. 为了在报表中加入一个文字说明，这时应该插入一个（　　　）。

  A. 表达式控件 B. 域控件   C. 标签控件   D. 文本控件

15. 报表以视图或查询为数据源是为了对输出记录进行（　　　）。

  A. 筛选   B. 排序和分组 C. 分组   D. 筛选、分组和排序

16. 报表文件的扩展名是（　　　）。

  A. RPT   B. FRX   C. REP   D. RPX

17. 设计报表不需要定义报表的（　　　）。

  A. 标题   B. 细节   C. 页标头   D. 输出方式

18. 报表布局包括（　　　）等设计工作。

  A. 字段和变量的安排

  B. 报表的表头、字段及字段的安排和报表的表尾

  C. 报表的表头和报表的表尾

  D. 以上都不是

19. 以下说法正确的是（　　　）。

  A. 报表必须有别名   B. 必须设置报表的数据源

  C. 报表的数据源不能是视图 D. 报表的数据源可以是临时表

20. 设计报表，要打开（　　　）。

  A. 表设计器   B. 表单设计器

  C. 报表设计器   D. 数据库设计器

二、填空题

1. 设计报表通常包括两部分内容：＿＿＿＿＿＿＿和布局。

2. 多栏报表的栏目数可以通过＿＿＿＿＿＿＿来设置。

3. 为了在报表中加入一个表达式，这时应该插入一个＿＿＿＿＿＿＿控件。

4. 报表标题要通过＿＿＿＿＿＿＿控件定义。

5. 打印报表的命令是＿＿＿＿＿＿＿。

6. 修改报表、打开报表设计器的命令是＿＿＿＿＿＿＿ REPORT。

7. 为了保证分组报表中数据的正确，报表数据源中的数据应该事先按照某种顺序索引或＿＿＿＿＿＿＿。

8. 报表布局主要有＿＿＿＿＿＿＿、＿＿＿＿＿＿＿、一对多报表、多栏报表和标签等 5 种基本类型。

9. 利用"一对多报表向导"创建的一对多报表，把来自两个表中的数据分开显示，父表中的

数据显示在_____带区，而子表中的数据显示在细节带区。

10. 首次启动报表设计器时，报表布局中只有 3 个带区，它们是页标头、_____和页注脚。

11. 如果已对报表进行了数据分组，报表会自动包含_____和_____带区。

12. 定义报表布局主要包括设置报表页面，设置_____中的数据位置，调整报表带区的宽度。

13. 报表中包含若干个带区，其中_____与_____内容，将在报表的每一页上打印一次。

14. 报表可以在打印机上输出，也可以通过_____浏览。

三、上机操作题

1. 使用报表设计器方法，以"教职工"表和"工资"表为数据源，按姓名建立关联，创建多表报表（包括教职工号，姓名，性别，出生日期，职称，基本工资，工龄工资，补贴，扣款，实发工资等字段）。

2. 以"教职工"表为数据源，按部门分组，创建分组报表，并在各组后面统计出各部门人数。自行设计的报表样式文件。

3. 利用报表设计器方法，以"按年月份查询工资"视图为数据源，按实发工资降序排列，输出 2010 年 6 月份工资报表。

→ 数据库应用系统开发实例

数据库系统开发是用户使用数据库管理系统的最终目的，学习 Visual FoxPro 9.0 就是为了掌握这门技术来开发一个数据库应用系统。本章将结合前面各章的知识，通过制作一个学生综合评测系统来介绍使用 Visual FoxPro 9.0 开发数据库应用程序的过程及步骤，以及如何把设计好的数据库、表单、报表等组件在项目管理器中连编成一个完整的应用程序，最终编译成一个扩展名为.app 的应用文件或.exe 的可执行文件。

11.1 "学生综合测评系统"的开发过程

一般来说，数据库应用系统的开发要经过需求分析、设计、编码、测试、运行与维护等几个阶段。

1. 需求分析

需求分析是描述系统的需求，分析的根本目的是在开发人员和提出需求的人之间建立一种理解和沟通的机制，使开发者确定系统需要"做什么"。因此，信息收集是需求分析阶段的重要环节。程序设计者要通过对项目信息的收集，确定系统目标、软件开发的总体思路及所需的时间等，最终决定软件项目可行性。

2. 设计

设计阶段的主要任务是解决待开发软件"怎么做"的问题。设计通常可分为总体设计和详细设计。总体设计的任务是设计软件系统的体系结构，包括软件系统的组成部分、各部分的功能、部分间的连接和通信，同时设计全局数据结构；详细设计的任务是设计各个组成部分的实现细节，包括局部数据结构和算法等。

用 Visual FoxPro 9.0 开发的数据库应用系统，一般都包括以下几个基本组成部分：

（1）一个或多个数据库。

（2）用户界面，如欢迎界面、输入表单、显示表单、工具栏和菜单等。

（3）事务处理，如查询、统计和计算等，允许用户检索或输出所需的数据。

（4）输出形式与界面，如浏览、排序、报表、标签等。

（5）主程序，设置应用程序系统环境和起始点。

3. 编码

编码阶段的主要任务是用某种程序设计语言，将设计的结果转换为可执行的程序代码。

4. 测试

测试阶段的主要任务是发现并纠正软件中的错误和缺陷。在这个阶段，测试系统的性能尤为关键，要通过调试检查语法错误和算法设计错误并加以修正。

5. 运行与维护

软件完成各测试后交付使用。在软件运行期间，可进行必要的维护。

11.2　"学生综合测评系统"的设计思想

下面通过学生综合测评系统的开发实例，具体介绍如何利用本书前面各章学习内容开发数据库应用系统，并将所建项目中的各个部件（数据库、表、表单、报表、程序等文件）集成起来，生成一个应用程序，并通过打包最终向用户发布。

随着社会对人才需求标准的提高，以及许多学校学生人数的增加，学校的素质教育管理特别是学生综合测评的管理工作越来越繁重。学生综合测评管理是一项非常烦琐的工作，但又是学校发展必不可少的一部分。学生测评系统管理中很大一部分是重复性的工作，可以通过计算机信息技术来取代人工进行这些工作，从而使管理人员将更多的精力集中在如何提高服务质量方面。

学生综合测评系统就是为了满足这种需求而开发的一个 Visual FoxPro 9.0 数据库应用系统。学生综合测评系统作为数据库项目应用的一种，在开发时，首先要明确用户对该系统的需求，也就是用户希望所开发的系统具有什么样的功能，然后开发人员在明确用户需求的基础上对需求进行分析，确定系统的功能。

在进行设计时要合理划分设计步骤。首先，根据学生综合测评系统要处理的数据与信息分类，设计出数据库和数据表。下一步，根据系统的各项功能模块的层次，设计出各个用户操作界面。接着，编写相关代码，将界面上的控件和具体功能相对应，从而实现事件驱动的程序运行机制。在编码时或编码结束后，进行必要的测试来检验和修正系统的功能。

设计完成后，还可将应用程序制作成安装程序来发布，使之能够在其他计算机上安装和使用。

11.3　"学生综合测评系统"的需求分析

需求分析是数据库项目系统开发的第一步，在整个开发流程中占有相当重要的地位。只有充分理解和明确系统的需求，才能开发出功能完备的数据库应用系统。

综合素质测评成绩由 A.道德素质、B.学习态度、C.实践创新、D.审美表现、E.运动健康 5 部分成绩组成，其中各项均占总成绩的 20%。

学生综合测评系统的主要功能是对学生各项综合素质考核项目进行自动化管理，包括评分、浏览、统计和打印等。

1. 系统需求

经过需求分析，得出学生综合测评系统需要具备以下功能：

① 要求系统对学生的数据进行维护，由系统管理员在学生入学时为其建立学生信息档

案，学生信息档案应包括学生的基本情况。

② 要求能对教师用户数据进行维护，可以添加、修改、删除教师用户。

③ 教师只能对所负责的班级学生进行评分管理，包括浏览、修改、统计和打印。

④ 学生可以浏览个人信息和综合测评的成绩，也有权浏览自己班级其他同学的测评成绩。

⑤ 系统对不同身份的用户（如系统管理员、学生、教师）提供不同的界面。

⑥ 系统运行在 Windows 平台上。系统还应该具有较好的图形用户界面。

⑦ 系统应具有很好的可扩展性。

注意： 本章介绍的学生综合测评系统是针对系统的主要功能来设计的，这样便于说明问题，方便读者了解相关的开发流程。读者可以根据实际情况自行完善，增强学生综合测评系统的功能。

2. 功能建模

功能建模就是将系统功能的描述转换成符号和图形的模型。通常，采用例图可以更方便地表述系统的功能需求。系统的一项功能称为一个用例（使用案例），系统的用户称为角色。由用例和角色构成的模型图，称为用例图。

学生综合测评系统的角色有系统管理员、教师和学生。该系统的用例包括：用户信息维护、评分、浏览、打印等。系统的用例图如图 11-1 所示。管理员可以实现的系统功能是维护用户信息；教师可以实现的系统功能是浏览班级评分、综合测评打分、打印成绩汇总；学生可以实现的系统功能是浏览个人信息和班级评分。

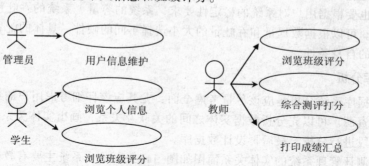

图 11-1　学生综合测评系统的用例图

需要注意的是，一个用例（系统功能）还可以继续分解多个或多步子用例（系统子功能）。例如，"用户信息维护"可以分解成"添加用户""修改用户"和"删除用户"。

通过系统的用例图，可以很容易地构造出系统的功能框架图。学生综合测评系统的总体功能框架图如图 11-2 所示。应用程序首先启动系统登录界面，不同身份的用户登录验证后将进入不同的子系统。每个子系统都有不同的系统功能，如教师系统的功能包括：浏览学生评分、综合测评打分、成绩汇总预览和打印成绩报表。

3. 系统配置

系统配置要根据用户的实际情况决定，分为软件配置和硬件配置。

（1）软件配置

软件配置主要包括数据库的选择和操作系统的选择。学生综合测评系统的软件配置要根据用户对系统的稳定性要求、系统的容量以及用户的维护水平来确定。

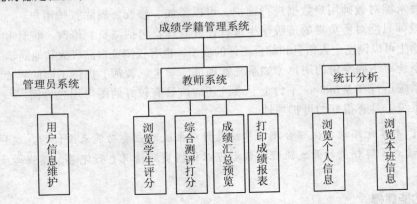

图 11-2 学生综合测评系统的功能框架图

① 数据库选择。本章开发的学生综合测评管理系统主要针对小型用户，如高职高专院校、中型企事业单位的培训和考核部门，由于数据量小，对数据库要求低，采用 Visual FoxPro 数据库系统是最佳的选择。

② 操作系统选择。可以根据用户数量的大小选择不同的操作系统。一般情况下，微软的 Windows 操作系统应用比较广。

（2）硬件配置

硬件配置也要根据用户对系统的稳定性要求，系统的容量、系统的吞吐量以及用户的维护水平来确定。可以根据数据量和吞吐量的大小选择不同的硬件。具体的配置应该根据用户的需求和用户的自身条件。

4. 数据库分析

在进行数据库系统分析是应该尽量考虑全面，尤其应该仔细考虑用户的各种需求，避免浪费不必要的资源。可以先分析数据实体之间的关联及关系，画出实体关系图（E-R 图）。然后对表格字段进行分析，最后再设计数据库。

学生综合测评管理系统的实体关系简图如图 11-3 所示。系统主要有教师、学生、综合测评成绩 3 大实体，其中管理员包含在教师实体范围中。教师与学生的关联是教导与被教导，他们的关系是一对多；教师与综合测评成绩的关联是评定与被评定，他们的关系是一对多；学生与综合测评成绩的关联是拥有与被拥有，他们的关系也是一对多。

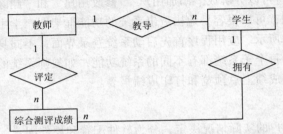

图 11-3 学生综合测评管理系统的实体关系简图

然后在学生综合测评管理系统的实体关系简图的基础上进一步设计实体关系的详细结构。

在学生综合测评管理系统中，首先要创建综合测评系统的数据库，然后在数据库中创建需要的表和字段。如果有需要还可以设计视图等，下面介绍在系统中设计数据库的方法。

1. 创建项目

（1）创建系统文件夹

首先创建一个系统文件夹，用于存放开发系统的项目文件及其他相关文件。可以在系统文件夹中继续创建各个分类文件夹来存放其他相关的分类文件。

（2）建立学生综合测评管理系统的项目文件

① 单击"文件"→"新建"命令，选中"项目"单选按钮。

② 单击"新建文件"按钮，打开"创建"对话框。

③ 在"创建"对话框的"保存在"下拉列表中选择系统文件夹，在"项目文件"文本框中输入新项目的名称，如本例的项目文件名是"综合测评项目.pjx"；单击"确定"按钮，系统将建立一个新的项目结构。

注意：本书前面章节详细介绍过的一些操作步骤，在本章不再详述。

2. 创建表

图 11–3 的实体关系图表述了学生综合测评管理系统的数据库概念模型。因此，本系统所要求的数据库结构就有了大致的框架。下面需要将数据库概念结构转化为 Visual FoxPro 9.0 数据库系统所能够支持的实际数据模型，也就是数据库的逻辑结构。

为系统创建 3 个表：教师用户表.dbf、学生信息表.dbf、学生评定表.dbf，各表的详细设置参见表 11–1 ～ 表 11–3，创建各表后，将他们保存到系统文件夹中。

表 11–1 教师用户表

字　段	数据类型	长　度	键	索　引	说　明
教师代码	字符型	8	主	主	非空
教师姓名	字符型	8			非空
密码	字符型	8			非空
代课班级	字符型	16			

表 11–2 学生信息表

字　段	数据类型	长　度	键	索　引	说　明
学号	字符型	8	主	主	非空
班级	字符型	16		普通	非空
姓名	字符型	8			非空
性别	字符型	2			非空
出生日期	日期型	8			
照片	通用型	4			

第11章　数据库应用系统开发实例

表 11-3　学生评定表

字　段	数据类型	长　度	键	索　引	说　明
学号	字符型	8	主	主	非空
班级	字符型	16		普通	非空
姓名	字符型	8			非空
道德素质	数值型	2			小于等于 20
学习态度	数值型	2			小于等于 20
实践创新	数值型	2			小于等于 20
审美表现	数值型	2			小于等于 20
运动健康	数值型	2			小于等于 20
总评分数	数值型	3			在代码中自动计算
评定时间	日期型	8			自动添加日期

3．创建数据库

数据库的逻辑结构可以直接使用 Visual FoxPro 9.0 的项目管理器来实现。

创建本系统数据库的主要步骤如下：

（1）通过项目管理器为"综合测评项目"创建新的数据库，保存为"测评数据库.dbc"。

（2）把已有的教师用户表、学生信息表和学生评定表添加到"评测数据库"中。

通过上述工作，本系统所需的数据库就已经创建成功了。本系统的项目、数据库及数据表文件的层次结构如图 11-4 所示。

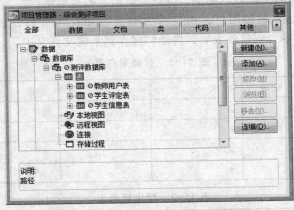

图 11-4　综合测评项目的层次结构

11.5　"学生综合测评系统"的界面设计

经过以上的数据库分析及建模的过程，至此已经完成了数据库的后台工作，达到了项目开发的初期目标。下面将进行项目的界面设计，本系统的界面主要有六大部分：登录界面、管理员界面、教师界面、浏览界面、评分界面、学生界面。

本章所开发的系统是个简易的应用系统，实现的是最基本的功能，所以就不设计菜单来控制程序了，下面设计的用户界面全部采用表单的形式。

设计表单时，可以先新建 6 个空表单，保存后再进行详细设计；也可以逐个详细设计完一个表单后再设计下一个。本系统表单的层次结构如图 11-5 所示。

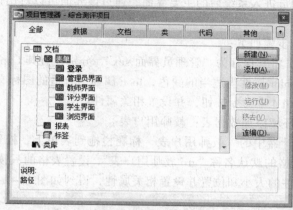

图 11-5　表单的层次结构

1. 登录界面设计

登录界面为本系统应用程序的首界面，其主要设计过程如下：

① 新建一个表单，将其保存为"登录.scx"，分别设置其 Caption 属性为"学生综合测评管理系统"；picture 界面背景图片的路径和名称；Icon 属性作为图标的文件路径和名称。

② 为表单添加 3 个标签控件，Caption 属性分别设置为"学生综合测评管理系统""用户""密码"，并设置改各标签的字体等属性。

③ 再添加两个文本框和包含 3 个单选按钮的按钮组，将第 2 个文本框的 Passwordchar 属性设置为"*"。

④ 打开数据环境设计器，为表单的数据环境添加教师用户表和学生信息表。

读者可以按照上面的属性来设计界面，可自行设置其他属性，最后调整各控件的位置，如图 11-6 所示为本例的参考界面。

图 11-6　登录界面

该界面的总体功能是实现用户的登录认证。具体功能的实现将在后面代码分析中介绍。

2. 管理员界面设计

管理员界面是管理员进入系统后的主要界面，通过该界面可以对用户信息进行添加、修改、删除的操作。

管理员界面的设计步骤如下：

① 新建一个表单，将其保存为"管理员界面.scx"，分别设置其 Caption 属性为"欢迎进入管理员界面"，Backcolor 属性为适当的颜色，Icon 属性为合适的图标文件的路径和名称。

② 添加一个标签和 4 个命令按钮，并设置相关属性。

③ 为表单的数据环境添加数据表：教师用户表。

④ 将数据环境设计器中的"教师用户表"标题栏拖到表单上，松开鼠标左键，表单上自动出现一个表格，表格的默认名称"grd 教师用户表"，设置表格的只读属性 readonly 为.T.。

⑤ 调整表单及控件的大小和位置并设置相关属性，得到如图 11-7 所示的界面效果。

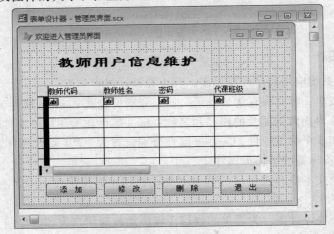

图 11-7　管理员界面

3. 教师界面设计

教师界面提供了进入各种子系统的功能。教师可以选择进入 4 个不同的子系统：浏览评分、开始评分、打印预览、报表打印。

教师界面的设计步骤如下：

① 新建一个表单，保存为"教师界面.scx"，并设置相关属性。

② 为表单的数据环境添加数据表：教师用户表。

③ 将数据环境设计器中的"教师用户表"的"教师代码"字段，拖动到表单上，松开鼠标左键，表单上自动出现 1 个标签和 1 个字段绑定文本框，标签的标题默认为"教师代码"，文本框的名称默认为"txt 教师代码"。用相同的方法，把"教师姓名"和"代课班级"字段拖放到表单上。

④ 添加 6 个命令按钮。设置其中 4 个命令按钮的 Caption 属性为空，再分别设置它们的 Picture 属性为希望加入的图片文件的路径和名称，使其变成图片按钮的外观。

⑤ 添加 5 个标签和 2 个矩形。

⑥ 调整表单及控件的大小和位置并设置相关属性，得到如图 11-8 所示的界面效果。

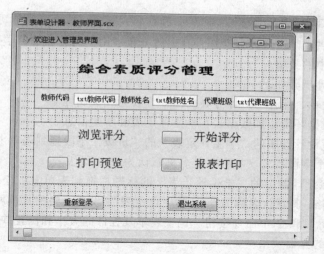

图 11-8　教师界面

4. 浏览界面设计

浏览界面用于浏览全班学生的评分情况。该界面的用户可以是教师或学生，其中用于浏览的分数表格是只读的，用户无法修改。

浏览界面设计步骤如下：

① 新建一个表单，保存为"浏览界面.scx"，设置相关属性。

② 为表单的数据环境添加数据表：学生评定表。

③ 将数据环境设计器中的"学生评定表"的"班级"字段拖到表单上，松开鼠标左键，表单上自动出现一个字段绑定文本框，其名称默认为"txt班级"。

④ 将数据环境设计器中的"学生评定表"的标题栏拖到表单上，松开鼠标左键，表单上自动出现一个表格，其默认名称为"grd学生评定表"，设置表格的只读属性readonly为.T.。

⑤ 添加 1 个标签和 2 个命令按钮。调整表单及控件的大小和位置并设置相关属性，得到如图 11-9 所示的界面效果。

图 11-9　浏览界面

第 11 章　数据库应用系统开发实例

247

5. 评分界面设计

评分界面用于供教师进行评分操作，其中的分数表用于浏览和编辑学生的各项成绩，可以修改成绩单元格中的数值。

评分界面的设计步骤如下：

① 新建一个表单，保存为"评分界面.scx"，设置相关属性。

② 为表单的数据环境添加数据表：学生评定表和学生信息表。

③ 将数据环境设计器中的"学生评定表"的"班级"字段拖到表单上，松开鼠标左键，表单上自动出现 1 个字段绑定文本框，其名称默认为"txt 班级"。

④ 将数据环境设计器中的"学生评定表"的标题栏拖到表单上，松开鼠标左键，表单上自动出现一个表格，其默认名称为"grd 学生评定表"，设置表格的只读属性 readonly 为.T.。

⑤ 添加 1 个标签和 2 个命令按钮。调整表单及控件的大小和位置并设置相关属性，得到如图 11-10 所示的界面效果。

图 11-10　评分界面

6. 学生信息界面设计

学生信息界面是供学生浏览信息的界面，其中用于数据绑定的控件都是只读的。学生可以查看到个人基本信息和个人综合测评的得分，还可以跳转到浏览界面去浏览全班的评分界面。

学生界面的设计步骤如下：

① 新建一个表单，保存为"学生界面.scx"并设置相关属性。

② 为表单的数据环境添加数据表：学生评定表和学生信息表。

③ 将数据环境设计器中的"学生信息表"的所有字段拖到表单上，松开鼠标左键，表单上自动出现该表所有字段的绑定文本框及对应的标签，表单还出现一个名为"olb 照片"的字段绑定图片框。

④ 将数据环境设计器的"学生评定表"的所有字段拖到表单上，松开鼠标左键，表单上自动出现该表所有字段的绑定文本框及对应的标签。

⑤ 设置所有字段绑定控件的只读属性 readonly 为.T.。

⑥ 添加 1 个标签、2 个矩形和 6 个命令按钮。

⑦ 调整表单及控件的大小和位置，并设置相关属性，得到如图 11-11 所示的界面效果。

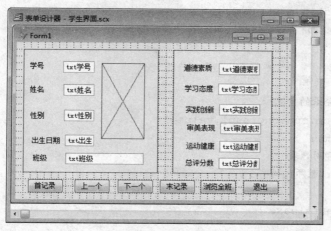

图 11-11　学生信息界面

11.6　"学生综合测评系统"代码的分析与实现

下面将分析界面的主要代码，以实现所设计的功能。其他一些类似的代码和简单的代码，读者可以参照有关代码自己添加。

1. 系统主程序的分析与实现

系统主程序（主文件）的作用是初始化系统环境后执行登录表单的操作。在开发系统中，主程序是必不可少的，本系统的主程序 main.prg 的建立步骤如下：

① 切换到项目管理器的"代码"选项卡，选择"程序"选项。

② 单击"新建"按钮，进入"程序编辑"窗口，在该窗口中输入相关程序代码：

```
set delete on                 &&隐藏已做删除标记的记录
set talk off
set safety off                &&关闭对话框
set date ansi                 &&设置中国日期格式
set cent on                   &&设置日期格式年为 4 位数
public uid                    &&定义全局变量，储存用户代码
public sf                     &&定义全局变量，储存用户身份
public bj                     &&定义全局变量，储存班级信息
open database 测评数据库.dbc    &&打开本系统的数据库
do form 登录.scx &&运行登录表单
read events                   &&开始事件循环，要用 clear events 结束循环
```

③ 单击"文件"→"另存为"命令，输入文件名并保存。

2. 登录界面代码的分析与实现

登录界面代码实现系统登录认证的功能，为"登录"按钮添加代码，在其 click 事件中添加如下代码：

```
uid=alltrim(thisform.text1.value)
```

```
mm=alltrim(this form.text2.value)
if empty(uid)or empty(mm)
  messagebox("请填用户信息！", 64, "警告")
  return
endif
do case
**选择管理员登录的情况**
case thisfrom.optiongroup1.value=1
if uid= "admin"
  select 教师用户表
  locate for 教师代码=uid
  if 密码=mm
    thisform.release
    use
    do form 管理员界面
  endif
else
  messagebox("输入的管理员信息有误！",64,"警告")
endif
**选择教师登录的情况**
case thisfrom.optiongroup1.value=2
select 教师用户表
locate all for 教师代码=uid and 密码=mm
if found()
    thisform.release
    use
    do form 教师界面
else
    messagebox("输入的教师信息有误！",64,"警告")
endif
**选择学生登录的情况**
case thisfrom.optiongroup1.value=3
select 学生用户表
locate all for 学号=uid and 学号=mm     &&学生用学号当密码使用
if found()
    thisform.release
    use
    do form 学生界面
else
  messagebox("输入的学生信息有误！",64,"警告")
endif
```

　　上面的代码使用 IF 结构实现了对不同用户信息的处理；使用 do case 多分支结构实现了对不同用户身份的信息验证。如果用户输入的是错误信息，那么将弹出错误信息提示框；如果用户输入的信息是正确的，就会根据用户身份的不同进入不同的用户界面。

3. 管理员界面代码的分析与实现

管理员界面的代码要实现管理员的全部操作功能，下面是其代码的具体实现。

（1）初始化代码的分析与实现

初始化代码实现对界面的初始化功能。为表单添加代码，在其 Init 事件中添加如下代码：

```
thisform.grd教师用户表.readonly=.T.
```

该代码的功能是使名为"grd 教师用户表"的表格只读，让操作者无法直接在表格上修改教师用户的信息。表格的只读属性，也可以在界面设计时通过属性窗口来设置。

（2）命令按钮的代码分析与实现

① 为"添加"按钮添加代码，在其 Click 事件中添加如下代码：

```
go bottom
append blank
edit
thisform.refresh
```

该代码的功能是在表后追加新记录，操作结束刷新表单。

② 为"修改"按钮添加代码，在其 Click 事件中添加如下代码：

```
edit
thisform.refresh
```

该代码的功能是编辑表中选定的记录，并在操作结束时刷新表单。

③ 为"删除"按钮添加代码，在其 Click 事件中添加如下代码：

```
tempstr=messagebox("确定要删除该教师用户吗？",4+32+256,"删除警告")
if tempstr=6
    delete
    pack
    thisform.grd教师用户表.recordsource="教师用户表"
thisform.grd教师用户表.refresh
endif
```

该代码的功能是确定是否删除记录，如确定删除，则在删除后刷新表单。

④ 为"退出"按钮添加代码，在其 Click 事件中添加如下代码：

```
close tables all
thisform.release
```

读代码的功能是关闭所有已打开的数据表并释放本表单。

4. 教师界面代码的分析与实现

教师界面代码用于实现教师系统主界面的各项管理功能，包括浏览、评分、预览和打印。下面是其代码的具体实现。

（1）初始化代码的分析与实现

初始化部分代码实现对界面的初始化。为表单添加代码，在其 Init 事件中添加如下代码：

```
sf=1
locate for 教师代码=uid
bj=代课班级
```

该代码的功能是标识全局变量 sf 为教师身份；在该表单数据环境中的"教师用户表"中查找字段"教师代码"的值和与全局变量 uid 匹配的记录；将字段"代课班级"的值赋给全局变量 bj。

（2）图形按钮的代码分析与实现

① 为"浏览评分"按钮添加代码，在其 Click 事件中添加如下代码：

```
do form 浏览界面.scx
thisform.release
```

② 为"开始评分"按钮添加代码，在其 Click 事件中添加如下代码：

```
do form 评分界面.scx
thisform.release
```

以上功能是分别运行"浏览界面"和"评分界面"表单并释放本表单。

③ 为"打印预览"按钮添加代码，在其 Click 事件中添加如下代码：

```
report form 打印报表.frx preview
```

该代码的功能是执行打印报表的预览功能。

④ 为"打印报表"按钮添加代码，在其 Click 事件中添加如下代码：

```
report form 打印报表.frx to printer
```

该代码的功能是执行打印，即通过打印机输出报表。

（3）命令按钮的代码分析与实现

① 为"重新登录"按钮添加代码，在其 Click 事件中添加如下代码：

```
close tables all
uid=""
bj=""
do form 登录.scx
thisform.release
```

该代码的功能是先关闭所有打开的数据表，清空全局变量的值，然后运行"登录"表单和释放本表单。

② 为"退出"按钮添加代码，在其 Click 事件中添加如下代码：

```
close tables all
thisform.release
```

该代码的功能是关闭所有已打开的数据表并释放本表单。

5. 浏览界面代码的分析与实现

浏览界面代码主要用于查找所需班级的信息以供浏览，并具有返回和退出的功能。下面是其代码的具体实现。

（1）初始化代码的分析与实现

初始化部分代码实现对界面的初始化。为表单添加代码，在其 INIT 事件中添加如下代码：

```
thisform.grd学生评定表.readonly=.T.
locate for 班级=bj
```

该代码的功能是先设置表格为只读，然后在其绑定的"学生评分表"中查找"班级"字段和与全局变量 bj 匹配的记录集，找到的记录自动显示在表格中。

（2）命令按钮的代码分析与实现

① 为"返回"按钮添加代码，在其 Click 事件中添加如下代码：

```
do case
   case sf=1
      do form 教师界面.scx
   case sf=2
      do form 学生界面.scx
endcase
thisform.release
```

该代码的功能是根据全局变量 sf 的值分别返回"教师界面"和"学生界面"表单并释放本表单。

② 为"退出"按钮添加代码，在其 Click 事件中添加如下代码：

```
close tables all
thisform.release
```

该代码的功能是关闭所有已打开的数据表并释放本表单。

6. 评分界面代码的分析与实现

评分界面代码将实现评分的相关功能。下面是其代码的具体实现。

（1）初始化代码的分析与实现

初始化代码实现对界面的初始化功能。为表单添加代码，在其 INIT 事件中添加如下代码：

```
thisform.grd学生评定表.readonly=.F.
locate for 班级=bj
```

该代码的功能是先设置表格制度属性为.F.，使其可以被编辑，然后在其绑定的"学生评分表"中查找"班级"字段的值和与全局变量 bj 匹配的记录集，找到的记录自动显示在表格中。

（2）表格控件的代码分析与实现

① 在其事件中添加如下代码：

```
replace总评分表 with 道德素质+学习态度+实践创新+审美表现+运动健康
```

② 在其 aferrowcolchange 事件中添加如下代码：

```
replace总评分表 with 道德素质+学习态度+实践创新+审美表现+运动健康
```

上述代码的功能是：当用户在表格的"道德素质""学习态度""实践创新""审美表现""运动健康" 5 个列控件的单元格中修改数据后，总评分数自动计算更新。beforerowcolchange 是在单元格变化时，进入新单元格前发生的事件；aferrowcolchange 是在单元格变化时，进入新单元格后发生的事件。

（3）命令按钮的代码分析与实现

① 为"返回"按钮添加代码，在其 Click 事件中添加如下代码：

```
do form 教师界面.scx
thisform.release
```

该代码的功能是运行"教师界面"表单，并释放本表单。

② 为"退出"按钮添加代码，在其 Click 事件中添加如下代码：

```
close tables all
```

```
thisform.release
```
该代码的功能是关闭所有已打开的数据表并释放本表单。

7. 学生信息界面代码的分析与实现

初始化代码主要实现学生登录后所能进行的各种浏览操作。下面是其代码的具体实现。

（1）初始化代码的分析与实现

初始化代码实现对界面的初始化。为表单添加代码，在其 Init 事件中添加如下代码：

```
sf=2
locate for 学号=uid
Bj=代课班级
```
该代码的功能是标识全局变量 sf 为学生身份；在该表单数据环境中的"学生信息表"和"学生评定表"中查找字段"学号"的值和与全局变量 uid 匹配的记录，表单上的各字段绑定控件能自动获得对应字段的值并将字段"班级"的值赋给全局变量 bj。

（2）命令按钮的代码分析与实现

① 为"首记录"按钮添加代码，在其 Click 事件中添加如下代码：

```
go top
thisform.refresh
```
该代码的功能是显示首记录和刷新表单。

② 为"上一个"按钮添加代码，在其 Click 事件中添加如下代码：

```
if bof() then
    go top
else
    skip-1
endif
thisform.refresh
```
该代码的功能是显示上一条记录，如果记录指针已经到了表头，则显示首记录。

③ 为"下一个"按钮添加代码，在其 Click 事件中添加如下代码：

```
if eof() then
    go bottom
else
    skip 1
endif
thisform.refresh
```
该代码的功能是显示下一条记录，如果记录指针已经到了表尾，则显示末记录。

④ 为"末记录"按钮添加代码，在其 Click 事件中添加如下代码：

```
go bottom
thisform.refresh
```
该代码的功能是显示末记录和刷新表单。

⑤ 为"浏览全班"按钮添加代码，在其 Click 事件中添加如下代码：

```
thisform.refresh
close tables all
do form 浏览界面.scx
```

该代码的功能是释放本表单，关闭所有打开的数据表，运行"浏览界面"表单。

⑥ 为"退出"按钮添加代码，在其 Click 事件中添加如下代码：

```
close tables all
thisform.release
```

该代码的功能是关闭所有已打开的数据表并释放本表单。

11.7　"学生综合测评系统"的编译与发布

到目前为止，学生综合测评系统的各个模块已经建立起来。下面要考虑的是如何把这些模块有机地组织在一起，通过编译调试，做成一个真正的应用程序。

1. 应用程序的连编

应用程序的连编，是指将系统中要运行的项目编译成应用程序。项目在连编时，Visual FoxPro 系统会对项目的整体性进行测试，主程序（主文件）一旦确定，项目连编时，会自动将各级被调用文件加入项目管理器，但数据库、表、视图等数据文件不会自动加入。

（1）设置文件的"包含"与"排除"

在项目管理器的全部文件中，被"包含"的文件会被连编到应用程序中，被"排除"的文件不会被连编到应用程序中。连编以后，除了被设置为"排除"的文件，项目包含的其他文件将合成为一个应用程序文件。

文件的"包含"设置如图 11-12 所示，在项目管理器的文件列表中选中文件，右击，在弹出的快捷菜单中选择"包含"命令，被包含的文件名前会出现一个 ⊘ 图标。

如果要设置文件的"排除"属性，在项目管理器的文件列表中选中要设置的文件，右击，在弹出的快捷菜单中选择"排除"命令即可。

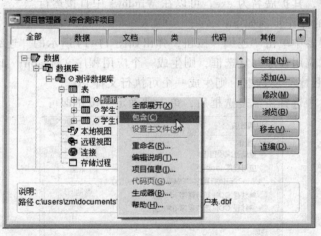

图 11-12　设置包含文件

（2）设置主程序

开发的各个模块要串在一起，还需要有一个主程序（主文件）。虽然主程序可以是一个表单、菜单或者程序，但建议使用程序。

主程序需要具备的主要功能包括：

① 设置程序运行的环境。

② 激活主菜单。

③ 激活启动表单或主表单。

④ 事件循环。

本例中，主程序的设置如图 11-13 所示，在项目管理器的"代码"选项卡中，选择文件列表框的"程序"项目，然后右击 main.prg 文件名，在弹出的快捷菜单中选择"设置主文件"命令。

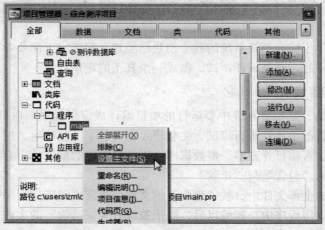

图 11-13　设置主文件

（3）连编应用程序

应用程序文件包括项目中的所有"包含"文件，应用程序连编可形成如下两种格式的文件：

① 应用程序文件，其扩展名为.app，需要在 Visual FoxPro 中运行。

② 可执行文件，其扩展名为.exe，可以在 Windows 中直接运行。

连编应用程序的操作步骤如下：

① 在项目管理器中单击"连编"按钮，弹出如图 11-14 所示的"连编选项"对话框。

② 如果选中"应用程序"复选框，则生成一个应用程序文件.app；如果选中"Win32 可执行程序/com 服务程序"复选框，则生成一个可执行文件.exe。

③ 在"选项"中选择所需复选框后，单击"确定"按钮即可。

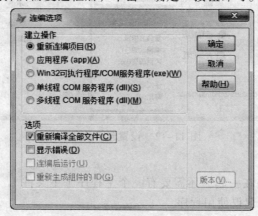

图 11-14　"连编选项"对话框

注意：如果对项目中的文件进行了修改，应该再重新连编项目。只有在连编项目所有包含的文件都正确无误后，才可以连编应用程序。

2. 应用程序的发布

应用程序的发布是将应用程序开发的整个项目文件打包制作成一个安装系统。安装系统包括安装文件和系统运行的所有必需文件，通常分为安装程序和发布磁盘两大类。

应用程序的发布需要使用安装向导来完成，包括创建发布磁盘和安装程序。

在 Visual Foxpro 9.0 版本中应用程序的打包可以通过"工具"菜单中的"向导"→"安装"命令来完成，但是从 Visual Foxpro 7.0 开始没有这个功能了，不过自带了一个第三方打包工具"Installshield"，也可以用 Wise 等免费的打包工具，都比 Visual Foxpro 9.0 自带的好，而且好用。

参 考 文 献

［1］杨永．Visual FoxPro 程序设计实验教程[M]．北京：中国石化出版社有限公司，2013.

［2］沈大林．中文 Visual FoxPro 6.0 程序设计案例教程[M]．北京：中国铁道出版社，2010.

［3］梁敏．Visual FoxPro 数据库程序设计实践与题解[M]．北京：科学出版社，2014.

［4］张翼英．Visual FoxPro 9.0 课程设计[M]．北京：清华大学出版社，2007.

［5］戴仕明．Visual FoxPro 程序设计（等级考试版）[M]．北京：清华大学出版社会，2009.

［6］张小莉．Visual FoxPro 程序设计实例教程[M]．重庆：重庆大学出版社，2009.

［7］薛磊．Visual FoxPro 程序设计基础教程[M]．北京：清华大学出版社，2013.

［8］赵艳莉．Visual FoxPro 9.0 数据库应用技术[M]．安徽：安徽科学技术出版社，2015.

［9］于训全．Microsoft Visual FoxPro9.0 标准教程[M]．北京：中国劳动社会保障出版社，2008.

［10］范立南．Visual FoxPro 程序设计与应用教程[M]．北京：科学出版社，2014.